林果栽培管理实用技术

万少侠 主编

黄河水利出版社

·郑州·

图书在版编目(CIP)数据

林果栽培管理实用技术/万少侠主编.—郑州:黄河水利出版社,2013.6

ISBN 978 – 7 – 5509 – 0488 – 0

Ⅰ.①林…　Ⅱ.①万…　Ⅲ.①果树园艺　Ⅳ.①S66

中国版本图书馆 CIP 数据核字(2013)第 111660 号

组稿编辑:韩美琴　电话:0371 – 66024331　E – mail:hanmq93@163.com

出　版　社:黄河水利出版社　　　　　　　　网址:www.yrcp.com

　　　　　地址:河南省郑州市顺河路黄委会综合楼 14 层　邮政编码:450003

发行单位:黄河水利出版社

　　　　　发行部电话:0371 – 66026940、66020550、66028024、66022620(传真)

　　　　　E-mail:hhslcbs@126.com

承印单位:河南省瑞光印务股份有限公司

开本:850 mm × 1 168 mm　1/32

印张:5　　　　　　　　　　　　　插页:8

字数:104 千字　　　　　　　　　　印数:1—2 100

版次:2013 年 6 月第 1 版　　　　　印次:2013 年 6 月第 1 次印刷

定价:18.00 元

常绿小灌木：
红叶石楠树

常绿乔木：
香樟树苗圃一角

常绿灌
木：海桐树

落叶乔木：栾树及开花状

落叶乔木：枫杨树及种子状

常绿乔木：桂花树苗圃一角

落叶乔木：合欢树及开花状

落叶乔木：红叶李树

常绿乔木：女贞树

桂花树

香樟树

常绿乔木：雪松树

落叶乔木：红叶柳树

落叶乔木：银杏树

落叶乔木：美
国竹柳树

落叶果树：五峰山杏

落叶乔木：木瓜

落叶果树：春美桃

落叶果树：金太阳杏

落叶果树：甜樱桃

落叶果树：金土地培育四年生豫黄梨丰收一角

落叶果树：舞钢金土地培育的梨树新品种"五红果"

杨树食叶害虫：杨扇舟蛾成虫

杨树食叶害虫：杨
二尾舟蛾幼虫

林木害虫：日本龟蜡
蚧危害状

林木害虫：紫光萝纹蛾幼虫

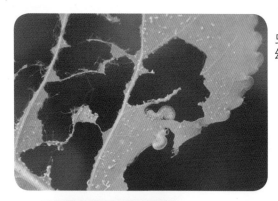

杨树食叶害虫：杨扁角叶蜂幼虫危害状

椿树害虫：旋皮夜蛾幼虫及蛹

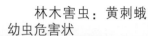

林木害虫：黄刺蛾幼虫危害状

栎掌舟蛾幼虫危害麻栎（或栗）叶片状

柿星尺蠖幼虫危害叶片状

小皱蝽成虫危害刺槐枝
梢状

桃蛀螟幼虫危害杏果状

林木害虫：麻皮蝽初孵幼虫

林木害虫：
绿尾大蚕蛾成虫

林木害虫：
樟青凤蝶成虫

林木害虫：碧凤蝶成虫

林木害虫：老豹蛱蝶成虫

林木害虫：
花椒凤蝶成虫

舞钢金土地培育的新品种：满天红桃开花一角

舞钢市金土地林果示范中心介绍

舞钢市市委书记高永华调研
金土地培训的新品种"豫黄梨"、
"五红果"梨等。

舞钢市金土地林果示范中心
"豫黄梨"获国家注册。

主　编　万少侠

副主编　温拥军　张立峰　路　明　刘小平
　　　　李建成　王璞玉　王书奇

参编人员（排名不分先后）

谷红梅　冯自民　孙丰军　雷超群
杨黎慧　夏伟琦　刘自芬　冯伟东
李慧丽　南飞华　李秀云　韩恩三
王彩云　任素平　高东娜　葛岩红
王中伟　王学文　张晓莉　张喜亭
温拥军　张立峰　路　明　刘小平
李建成　王璞玉　王书奇　万少侠
王冠甫

前　言

近年来，随着我国新农村建设和城市美化绿化需求的不断增加，以及城乡居民生活水平的不断提高，桂花、雪松、玉兰、香樟、黄棟等一些园林树种在市场上出现货紧价扬的现象，果树新品种晚秋黄梨、薄壳核桃、红丰杏等苗木供不应求，果实畅销不衰，发展林果业不仅成为农民脱贫致富的主要途径，而且成为农村经济发展的重要措施。

然而，不少地方林农果农虽然发展林果生产的热情很高，但是由于缺乏林果栽培技术，管理落后，致使病虫害严重，林木果树不能快速生长及丰产稳产。为了提高林果农的栽培管理技术知识，我们根据在基层工作中取得的管理实践经验编写了本书。

本书共分五章，从林木果树品种介绍、林果树苗木繁育、林木果树栽培管理、林木果树病虫害防治、林果加工等技术入手，比较全面系统地讲解了基础知识，同时配发了部分有关林果树种、果实、病虫害的照片，便于人们阅读理解。本书通俗易懂、图文并茂，可供林场职工、林果农学习使用，也可作为新农村建设的科普教材或职业中专教育参考用书。

由于我们的水平有限，书中难免有不足之处，敬请批评指正。

作　者
2012 年 8 月

目　录

第一章　林果品种介绍

品种就是希望，尤其是引种优良品种，能够给人们带来更多、更大的丰收和效益。本章介绍了30余种适应性强、生长快、结果早、抗病虫、效益好，丰收丰产的红叶柳、桂花、雪松、金太阳杏、晚秋黄梨等林果品种，供人们参考。

一、红叶柳树

红叶柳树，小乔木，杨柳科柳属植物，又名河柳、红心柳、魁柳、紫心柳、苦柳等。其小枝红褐色，有光泽。叶椭圆形、卵圆形或椭圆状披针形，稀倒卵状椭圆形，长 4~8 cm，两面无毛，下面带苍白色，叶柄长 0.5~1.2 cm。雄花序长 4~7 cm，花梗及序轴有柔毛，苞片呈卵圆形，长约 1 mm；雌花序长 4~5.5 cm。果实呈倒卵形或卵状椭圆形，长 3~7 mm。花期 3~4 月，果期 4~5 月。在生长期顶端新叶始终为亮红色，当苗木长至 3.2~3.5 m，可在树干 280~300 cm 处截干，截干后新生长的枝梢形成像蘑菇一样的树冠，美观好看，具有很好的景观美化、绿化作用。

二、美国竹柳树

美国竹柳树，乔木，杨柳科柳属植物、新品种。其生长潜力大，树高可达 18~20 m。幼树期树皮呈绿色，非常光滑。枝梢顶端优势明显，腋芽萌发力强，分枝较早，侧枝与主干夹角为 29°~45°。树冠塔形，分枝均匀。叶披针形，单叶互生，叶片长 14.5~21.5 cm，宽 4~6.3 cm，先端长渐尖，基部楔形，边缘有明显的细锯齿，叶片正面绿色，背面灰白色。叶柄微红、较短。树干生长的外形与竹子相似，具有绿化景观、美化环境的作用。适宜湿地、水旁栽植生长。

三、108 欧美杨树

108 欧美杨树，乔木，是美洲黑杨与欧洲黑杨的人工杂种无性系，既是纸浆和板材的优质原料，又是生态林的优秀树种，具有生长速度快、造林成活率高、冠窄干直、抗病虫、抗干旱、抗寒冷能力强等优点，尤其抗蛀干害虫能力强，是沟、河、路、渠、房前屋后造林绿化的优良树种，很受林农欢迎。

四、107 欧美杨树

107 欧美杨树，乔木，是具有材质良好、杆形优美、树冠窄、侧枝细、叶满冠、抗病虫、抗风折、生长速度快等优点的优良用材林树种。年平均胸径增长 2.4~5.5 cm，年平均树高增长 2.2~4.5 m，3~4 年间伐，可作纸浆材及民用材，7~8 年可主伐成为杆茎材。繁育苗木每亩可达 3 500~4 000 株，造林每亩可用苗木 76~110 株，间伐后每亩可保留 55 株。适合河滩、路旁、荒地绿化种植。

五、枫杨树

枫杨树，又名鬼柳、钱串串，落叶乔木，树干高达

20～30 m，胸径30～180 cm；幼树树皮平滑，浅灰色，50年以上树干皮深纵裂；小枝灰色至暗褐色，有灰黄色皮孔；芽具柄，密被锈褐色盾状着生的腺体。其枝繁叶茂，花果期长，具有很好的城市园林道路美化、绿化作用。

六、木瓜树

木瓜树又名木梨，经济林树种，落叶灌木，树干高达1.8～3.5 m，枝上有刺。叶呈革质，有柄；叶片卵形或椭圆状披针形，边缘有细锯齿；叶面绿色，叶背淡绿色。花数朵簇生，花梗短，淡红色或粉白色，先开花后出叶或花与叶同时出现。果实呈梨果卵形或球形，成熟时为黄色，果皮平滑，质硬，有芳香气味。其适应性很强，对土壤要求不严，在山地、房前屋后、林园内均能栽培。因喜光性强，故栽种在向阳肥沃的山坡地或平原地生长较快。开花早，结果多，效益好，是园林绿化、建立果园的优良树种。近几年，木瓜胸径在40～60 cm的大树，每株价值在5 000～10 000元，市场销售很走俏。

七、栾树

栾树，又名黄山栾，落叶乔木，无患子科栾属，树干高达15～20 m，树冠近圆球形，树皮灰褐色，细纵裂；小枝稍有棱，无顶芽，皮孔明显。奇数羽状复叶，有时部分小叶深裂为羽状复叶，叶长达38～40 cm，小叶7～15 cm，叶呈卵形，边缘具有锯齿或裂片，背面沿脉有短柔毛。大型圆锥花序长在枝梢顶部，花小为金黄色。果实呈三角状卵形，蒴果，顶端尖，红褐色或橘红色。花期6～9月，果期 9 ~ 10 月。是很好的行道绿化树种。目前，市场热销，用途很广。

八、银杏树

银杏树，又名白果树，公孙树，落叶乔木，胸径可达 3 ~ 4 m，幼树树皮近平滑，浅灰色，大树之皮灰褐色，不规则纵裂，有长枝与生长缓慢的短枝。其叶互生，在长枝上辐射状散生，在短枝上 3 ~ 5 枚成簇生状，有细长的叶柄，扇形，两面淡绿色。雌雄异株，少量同株。花呈球形，单生在短枝的叶腋处；雄花球形呈荑黄花序状，雄蕊多数，各有 2 花药，雌花有长梗，一般梗端常分两叉。其叶果均具有药用价值，树干直，既是很好的经济林和用材林绿化树种，又是道路、城乡绿化用途广、价值高的名贵树种。

九、桂花树

桂花树，常绿阔叶乔木，又名木犀、岩桂，木犀科木犀属，树干平均高达 8 ~ 15 m，树冠可达 3.5 ~ 4.5 m。盆栽桂花高达 1.2 ~ 3 m，树冠可达 2 ~ 3 m。树皮粗糙，灰褐色或灰白色，有时显出皮孔。一般呈灌木状生长，在密植的苗圃或修枝修剪后，可生长成明显主干。桂花分枝性强，但分枝点低，其花色金黄色或橙红色，花香芬芳，是很好的城乡园林绿化树种、名贵树种，深受人们的欢迎。

十、樟树

樟树，又名香樟、樟木，常绿乔木。樟树四季常绿，树形美观，树冠呈卵形；树皮灰褐色，纵裂；叶互生，卵状椭圆形，薄革质；圆锥花序腋生在新枝处，花淡黄绿色，核果球形似大黄豆，熟时紫黑色，果托盘状。果实 8～11 月成熟。初夏开花，花序黄绿色，树冠广展，叶枝茂盛，浓荫遍地，气势雄伟，是优良的行道树及庭荫树。香樟树因含有特殊的香气和挥发油而具耐温、抗腐、驱虫之特点，是名贵家具、高档建筑、造船和雕刻等理想用材。日常用的樟脑就是由香樟树的根、茎、枝、叶蒸馏而制成的白色晶体，无色透明、有清凉香味，可用于防蛀，也广泛应用于医药和化学工业。

十一、雪松树

雪松树，俗称塔松，树形像塔，成层生长，常绿高大树种。抗寒性较强，大苗可耐零下 25 ℃的短期低温，但在湿热气候条件下，往往生长不良。较喜光，幼年稍耐庇荫。大树要求充足的上方光照，否则生长不良或枯萎。对土壤要求不严，酸性土、微碱性土均能适应，深厚肥沃疏松的土壤最适宜其生长，亦可适应黏重的黄土和瘠薄干旱地。耐干旱，不耐水湿。浅根性，抗风力差。4～5 月发新叶，7～9 月生长较快，是城市园林主要绿化树种，市场前景需求很广。

十二、玉兰树

玉兰树，又名白玉兰、木兰、迎春花，为我国特有的名贵园林花木之一。玉兰花白如玉，花香似兰。其树型雄奇伟岸，树干高 8～12 m，树冠卵形，大型叶为倒卵形，先端短而突尖，基部楔形，表面有光泽，嫩枝及芽外有短绒毛。冬芽具大型鳞片。花先叶开放，顶生、朵大，直径12～15 cm。花被9片，钟状。果穗圆筒形，褐色，果实成熟后开裂，呈红色。3月开花，6～7月果熟。玉兰性喜光，较耐寒，可露地越冬。爱高燥，忌低湿，栽植地渍水易烂根。喜肥沃、排水良好而带微酸性的沙质土壤，在弱碱性的土壤上亦可生长。在气温较高的南方，12月至第二年1月即可开花。玉兰花对有害气体的抗性较强。玉兰花栽在有二氧化硫和氯气污染的工厂中，具有一定的抗性和吸硫的能力。用二氧化硫进行人工熏烟，1 kg干叶可吸硫1.6 g以上。因此，玉兰是大气污染地区很好的防污染绿化树种。

玉兰花外形极像莲花，盛开时，花瓣展向四方，使庭院青白片片，耀眼夺目，具有很高的观赏价值；再加上清香阵阵，沁人心脾，是美化庭院、绿化城镇的优良树种。

十三、大叶女贞树

大叶女贞树，又名蜡树，木犀科、女贞属，常绿大灌木或乔木。树干直立或二、三干同出，枝斜展，呈广卵形圆整的树冠，树皮灰褐色，光滑不裂。叶长8～12 cm，革质光泽，凌冬青翠，花两性，圆锥花序顶生。花期7月，果熟期10～11月。浆果长椭圆形，紫黑色，种子倒卵形。果实成熟后不会自行脱落，用高枝剪剪取果穗，捋下果实浸水搓去果皮稍晾即可。大叶女贞种子千粒重约36 g，发芽率50%～70%。种子混沙低温湿藏，也可带果肉低温贮藏。其苗木可栽植为行道树，耐修剪，通常用做绿篱。特性是喜光，喜温暖，稍耐阴，但不耐寒冷。其萌芽力强，适应范围广，是常绿阔叶树种之一。

十四、红叶石楠树

红叶石楠树，是蔷薇科石楠属杂交种的统称，为常绿多枝丛生灌木或小乔木，单叶轮生，叶倒卵形或倒卵状椭圆形，新梢及嫩叶鲜红色，老叶革质，叶表深绿具光泽，叶背绿色，光滑无毛。顶生伞状圆锥花序，小花白色，花期4月上旬至5月上旬。红色梨果，夏末成熟，可持续挂果到来年春天。生长速度快，萌芽性强，既是耐修剪的常绿树种，又是园林造景中需要修剪培育的造型树种，也是居住区、厂区绿地、街道或公路隔离带绿化树种中最时尚的红叶系列树种，适宜广泛种植。

十五、海桐树

海桐树，又名山矾花、七里香，海桐花科、海桐花属。常绿灌木或小乔木，高达3 m。枝叶密生，树冠球形。叶多数聚生枝顶，单叶互生，有时在枝顶呈轮生状，厚革质倒卵形，长4.5~12.5 cm，宽1~4 cm，全缘，顶端钝圆或内凹，基部楔形，边缘常略外反卷，有柄，表面亮绿色，新叶黄嫩。聚伞花序顶生；花白色或带黄绿色，芳香，花柄长0.9~1.6 cm；萼片、花瓣、雄蕊各5；子房上位，密生短柔毛。蒴果近球形，有棱角，长达1.5 cm，初为绿色，后变黄色，成熟时3瓣裂，果瓣木质；种子鲜红色，有黏液。花期5月，果熟期9月下旬至10月。海桐喜温暖湿润的海洋性气候，喜光，亦较耐阴。对土壤要求不严，适应性强，萌芽力强，耐修剪。是理想的花坛造景树和造园绿化树种，适合种植于高大树旁或行间。

十六、黄杨树

黄杨树，卫矛科、卫矛属，常绿灌木或小乔木。高达4～5 m，小枝近四棱形。叶片革质，表面有光泽，倒卵形或狭椭圆形，长3～6 cm，宽2～3 cm，顶端尖或钝，基部楔形，边缘有细锯齿，叶柄长6～12 mm。花绿白色，呈5～12朵排列成密集的聚伞花序，腋生。果实近似球形，直径约1 cm；种子棕色，假种皮橘红色。花期6～7月，果熟期9～10月。黄杨树叶色光亮，嫩叶鲜绿，极耐修剪，可用做庭院绿篱、道边绿化、花坛中心栽植等绿化美化。

十七、苹果李树

苹果李树，落叶乔木果树，一般3月中旬开花，花白色，果实7月上旬成熟，平均果重80 g，最大果重120 g，果皮紫红色，肉黄，质细，味甜酸，微香，果实似苹果形。该树抗病虫危害、耐干旱能力强，适宜浅山丘陵种植建园。

十八、平顶香李树

平顶香李树，落叶乔木果树，3月上、中旬开花，6月下旬至7月上旬果实成熟，果偏圆，果皮红黄色，平均果重55～60 g，肉黄色，核小似枣核，香气浓郁，味甜酸，适宜浅山丘陵种植。

十九、黑宝石李树

黑宝石李树，落叶乔木果树，果形扁圆，大型果，平均果重70 g左右，最大达70 g左右；果皮紫黑色，果粉少，无果点；肉乳白色，质硬脆，汁液多，味甜，离核，品质上等；9月上旬成熟。该品种果实耐贮运，适宜山区平原种植。

二十、比利时杏树

比利时杏树，落叶乔木果树，原产比利时国。该品种平均果重34 g，最大果达50 g；果形近圆，果皮阳面橘红色，阴面黄色；离核，有香气，酸甜适中；3月中旬开花，6月上旬成熟。其开花早，注意防止早春霜冻，以确保年年丰产丰收。

二十一、香白杏树

香白杏树，落叶乔木果树。树势强健，树姿开张，平均果重75 g，最大果达95 g；果形似圆；果实表面黄色离核，微香气，甜酸可口，3月上旬开花，6月上旬成熟。耐干旱、抗病虫害，在山区表现良好，香白杏是著名的鲜食杏品种。

二十二、凯特杏树

凯特杏树，落叶乔木果树。果实6月中旬成熟，果实特大，平均单果重100 g，最大单果重130 g；果实近圆形，果皮橙黄色，硬溶质，肉质细嫩、汁液丰富，风味酸甜、芳香，离核，是目前最具开发前景的一个品种。其树势中庸，树姿开张，耐干旱。在平原建果园，果实有裂果现象。注意肥水管理，减少裂果。

二十三、金太阳杏树

金太阳杏树，落叶乔木果树。果实近圆形，略似和尚帽，平均单果重47.5～67.5 g；果面底色黄白，阳面粉红色晕；果肉黄白、肉细纤维少、汁多味甜，离核或半离核。香气浓烈，品质上乘。不耐贮放，室温下只能存放2～3天。树势强健，树姿开张。该品种抗旱，适应性强，品质优良。缺点是隔年结果现象较为明显，在生产管理时应加强修剪、疏花疏果管理。果实发育期60～70 d，6月下旬成熟。适宜浅山丘陵种植。

二十四、久保桃树

久保桃树，落叶乔木果树。果实近圆形，平均单果重190～200 g，果顶圆微凸，缝合线浅，较明显，两侧较对称，果形整齐，花芽节位低，复花芽多。果实茸毛中等；果皮浅黄绿色，阳面至全果着红色条纹，易剥离；果肉乳白色，阳面有红色，近核处红色。肉质致密柔软，汁液多，纤维少；风味甜，有香气，离核。可溶性固形物含量为10.5%，含糖量为7.29%，含酸量0.64%，含维生素C5.36 mg/100 g。盛花期在4月中下旬，采收期在7月底至8月初；果实发育期约105 d，全年生育期200 d左右。树势中庸，树姿开张，丰产性良好。

二十五、新大久保桃树

新大久保桃果树，落叶乔木果树，3月上中旬开花，果圆形，果重165 g。果皮底色黄绿，果肉黄白色，近核处微红，肉质致密细嫩，汁液中等，味甜微酸，有香味，黏核，较丰产稳产。7月上旬成熟。喜爱大水大肥，开心形修剪，丰产丰收，效益好，适宜平原地区种植。

二十六、春蕾桃树

春蕾桃果树，落叶乔木果树，3月上旬开花，果实卵圆形，平均果重70 g，最大100 g左右。果皮乳白色，果顶微红。汁液中等，风味较甜微酸，有香气、核软、半离。果实生育期56～58 d，在豫南地区5月上、中旬成熟。该品种为早熟优良品种，丰产。在成熟期采收，果实风味最佳，其适宜浅山丘陵种植、开心形修剪管理方法。

二十七、雨花露桃树

雨花露桃树，落叶乔木果树。3月上中旬开花，果实长圆形，平均单果重125 g，最大200 g。果皮底色乳黄，果顶有彩色红晕或深红色细斑。果肉乳白色，肉质柔软多汁，味浓甜，有芳香，半离核。果实生育期75 d，6月上、中旬成熟。适宜浅山丘陵种植、开心形修剪管理方法。

二十八、中华寿桃树

中华寿桃树，落叶乔木果树。月中旬开花，果实近圆形，果大，平均果重300～500 g，最大果重1 100 g。果实粉红色或浓红色，色泽艳丽。果肉脆嫩，口感佳，品质极优，不溶质，硬度强，粘核，极耐贮运。属北方品种群，10月中旬成熟。中华寿桃是目前国内一个十分罕见的珍稀优质晚熟品种，具有广阔的开发前景，适宜平原地区栽植、开心形修剪，果实套袋管理既可丰产丰收，又可增加效益。

二十九、安农水蜜桃树

安农水蜜桃树，落叶乔木果树。平均单果重 240 g，最大果重 515 g；果实 6 月中旬成熟，果形椭圆或近圆，顶部圆平或微凹，缝合线较浅；果皮底色乳白微黄，着红晕，外观美，果皮易剥离；果肉乳白，局部微带淡红色，质软多汁，香甜可口，半离核。花粉量少，在建立果园时，适当配置花期一致的授粉树。树姿开张，树势强健，适合浅山、丘陵、平原种植建园。

三十、香玲核桃树

香玲核桃树，落叶乔木果树。坚果圆形，果基较平，果顶微尖，纵径 3.9 ~ 3.94 cm，横径 3.2 ~ 3.29 cm，平均坚果重12.1 ~ 12.5 g。壳面光滑美观，浅黄色，缝合线窄而平，结合紧密，壳厚0.9 ~ 1.1 mm，可取整仁。核仁充实饱满，味香不涩，出仁率65.4%。核仁脂肪含量65.5%，蛋白质含量21.6%。香玲核桃品种，坚果品质上等，耐干旱，适于山区建园种植。

三十一、晚秋黄梨树

晚秋黄梨树，落叶乔木果树。平均果重452 ~ 660 g，果实扁圆形，果面光滑，呈黄褐色；果顶平而圆，果点较大而且明显，无"水锈"，有光泽，萼片完全脱落。果皮中厚；果肉白色，质细多汁，风味浓香甜。3月上旬开花，果实10月上旬成熟；晚秋黄梨的特点：一是适应性强，易管理，耐旱耐涝性强，对土壤要求不严格，在沙土地、盐碱地、山区、丘陵等地均能种植；自花授粉，坐果能力强，而且没有大小年；二是产量高，见效快，栽种当年开花结果，次年亩产 400～500 kg，四年进入盛果期，一般亩产 3 000～3 500 kg；三是果个大，品质优，一般单果重 452 g 左右，最大果重可达 1 850 g；四是耐存放，在自然条件下可存放 5～8 个月而不变味、不变色，利于长途运输和反季销售，适合山区、平原种植。

三十二、藤稔葡萄

藤稔葡萄果树，果穗圆锥形。果粒特大，单粒重 18 g，最大达 38 g，有"乒乓球"葡萄之美称。果皮中厚，紫红色。肉软多汁，淡草莓香味，含糖量 15%～18%。丰产性好，闭花受精率高，不易落花落果，抗霜霉病强于巨峰，但易感灰霉病，成熟期比巨峰早 5～7 d。叶片对铜离子敏感，不宜多喷波尔多液。多雨地区适宜高畦栽，采用立架或小棚架种植，中梢修剪。要求施足底肥，大肥大水不断线，以粗壮枝结果为主，是早熟大粒优良品种，适宜平原栽植。

三十三、玫瑰牛奶葡萄

玫瑰牛奶葡萄果树，又名力扎马特。其果穗圆锥形，重 600～800 g，果粒较紧密。成熟一致，外观美丽。果粒长椭圆形，粒重 9 g。粉红至红色，皮中厚。肉脆，酸甜，品质中上。树势旺。丰产性中等，适宜干旱地区栽培。

三十四、黑宝石葡萄

黑宝石葡萄果树，果实扁圆形，平均单果重 72.2 g，最大果重 127 g。果面紫黑色，果肉乳白色，硬而细嫩，汁液较多，味甜爽口，品质上等。肉厚核小，可食率 97%。耐贮运，丰产。8 月中旬成熟，适宜平原栽植。

三十五、玫瑰皇后葡萄

玫瑰皇后葡萄果树，果实大型，扁圆，平均单果重 86.3 g，最大 151.3 g。果面紫红色，果点大而稀；果肉琥珀色，肉质细嫩，汁液丰富，味甜可口，品质上等。耐贮运，丰产性好，宜配植黑宝石作授粉树。7 月中旬成熟，属中熟品种。

三十六、大石早生葡萄

大石早生葡萄果树，果实圆形，果顶较圆；果皮较厚，底色黄绿；果面鲜红色；果肉黄绿色，质细，味甜酸，多汁。6 月中旬成熟。属早熟品种，适宜平原种植。

第二章 林果育苗技术

林果种苗是造林、绿化、建园的物质基础，没有优良健壮的苗木，就不能有良好的绿化成果或很好的果树基地。使用林果良种苗木绿化造林或建立果园，具有见效快、效益高、风险低等优点。为了果农更好地培养纯正健壮的林果苗木，本章介绍并总结了樟树、枫杨、桂花、晚秋黄梨、杏、桃等林果树的苗木繁育技术，以供参考。

三十七、什么是嫁接苗木

嫁接苗木就是剪截植物体的一部分枝或芽接在另一植物体上，使其结合在一起成为一独立植株的繁殖方法。以繁殖为目的的枝、芽为接穗，被嫁接的植物称为砧木，砧木根系供给接穗足够的养分、水分，接穗由其自身光合作用形成的同化物质供给砧木，二者成为一个共生植株，叫做嫁接苗木。嫁接苗开花结果早，能够保持母本优良性状。

三十八、影响嫁接成活的原因

1. 嫁接时期的影响

嫁接苗在嫁接过程中的成败和气温、土温及砧木与接穗的活跃状态有密切的关系。一般嫁接在3月中旬，气温18～22℃时成活率最高。若嫁接过早，温度较低，砧木形成层刚开始活动，愈合组织增生慢，嫁接不易愈合。若过晚，气温高达 28～32 ℃也不利于伤口愈合和成活。

2. 砧木和接穗质量的影响

嫁接后由于砧木和接穗形成层及组织需要足够的养分，接穗与砧木贮有较多养分的，比较容易成活。砧木与接穗弱的，嫁接后芽眼成活率低，特别是苗木在生长期间，砧木和接穗两者木质化程度不高，枝条瘦弱、芽眼不饱满，在温度低、湿度差的条件下更影响嫁接成活和生长。

3. 嫁接技术的影响

嫁接技术的优劣直接影响接口切削的平滑程度与嫁接速度。如果削面不平滑，影响愈合。即使稍有愈合，发芽也晚，生长衰弱。用这样的苗木栽植建园后，遇风吹会从嫁接愈合部脱裂折断而影响成活。

4. 嫁接口的影响

嫁接口的深浅，直接影响到愈合组织形成。嫁接时不认真细心，嫁接口就会不严紧，进入空气造成成活率下降或死亡；同时温度、湿度对愈合组织的形成也有影响，在嫁接口表面保持一定的湿度功能下降，致使嫁接伤口不能愈合成活。

5. 伤流、单宁物质的影响

如葡萄、核桃、柿等果树，春季土壤解冻，根系开始活动后，地上部分有伤口的地方就开始出现伤流，直到展叶后才停止。因此，春季在室外嫁接核桃和葡萄时，接口处集中大量伤流窒息切口处细胞的呼吸，影响愈合组织的形成，在很大程度上也降低了成活率。

三十九、提高林果苗木嫁接成活率的技术

1. 适时进行苗木嫁接

在3月中旬至4月上、中旬，当气温在18～24℃时，及时抓住有利时机进行嫁接苗木。此期温度、湿度最佳，嫁接苗木成活率高，因此控制温度、湿度可以促进嫁接苗木成活。

2. 选择林果良种母树的芽眼和健壮的砧木

在嫁接前，一定要选择好林果良种母树，这样取得的品种和接穗质量都有保证，同时还要在母树上截取生长充实的枝条作接穗。在嫁接时，一条接穗上也宜选用充实部位的芽或枝段进行嫁接，从而达到提高成活率的目的。

3. 提高嫁接苗木的嫁接速度

苗木嫁接，选择技术熟练的人员很重要，在嫁接时，速度要快而准确；尤其是对嫁接核桃和柿树，应尽可能减少嫁接口与嫁接的芽眼或枝条在空气中的时间。嫁接速度快而熟练，可避免削面风干或氧化变色，提高嫁接成活率。

4. 加强苗木嫁接口的保温保湿

嫁接苗木时，用塑料薄膜包扎绑缚，是最佳的保温保湿的方法，可以达到既保温又保湿的目的。但是，如果接口包扎不紧，培土不严，保持接口湿度不够，或过早去除绑缚物，都会影响成活率。所以，加强苗木嫁接的温度、湿度管理，是提高嫁接成活率的关键。

5. 减少伤流，选择最佳时期嫁接

嫁接葡萄、核桃、柿树时，可采用夏季或秋季芽接或绿枝接，以避免伤流的产生。若一定要春季进行枝接，可

在接口以下，砧木近地面处砍几刀伤口，以免伤流集中在接口处而影响成活；同时嫁接后随时注意检查所培土堆，如土堆过湿，应及时换土，从而达到苗木嫁接成活的目的。

四十、樟树的育苗技术

樟树是常绿乔木，又名香樟；其枝繁叶茂，树姿高大优美，是城市绿化的优良树种，很受人们喜爱。樟树苗木繁育技术如下。

1. 采收种子

每年 10 月中旬至 11 月下旬，人工将已成熟的种子用高枝剪采下，经过 7~15 d 堆放腐烂，用清水洗搓去掉种皮，把清洗干净的种子放在背阴处摊晾 1 d，然后在 12 月选择干燥的地方，挖长×宽×深为 1 m×1 m×1 m 的坑将种子和沙混合贮藏，3 月上中旬即可播种。

2. 精耕整地

在 10 月份进行第 1 次深耕地；3 月中旬播种前进行第 2 次精耕细耙土地，并施足基肥；基肥一般用腐熟的农家肥，每亩 3 000~5 000 kg 或碳铵 50~60 kg、磷肥 50~60 kg；然后把苗圃地制作成畦，一般畦埂 35~50 cm，畦宽 1.2~1.4 m 即可。

3. 种子催芽

3 月上旬要对种子进行播前催芽，可用 48~50 ℃的温水浸种 50~60 min，当温水冷却后，倒出水再次换 50 ℃的水，这样重复浸种 3~4 次，可使种子提早发芽 10~15 d。另外，可用薄膜包催芽法，即把混有河沙的种子，用薄膜包好，放在太阳下晒，每天翻动 3~4 次，并保持湿润，

3 ~ 5 d 后，发现有少量种子开始发芽时即可下地播种。

4. 大田播种

一般采用条播，即行距 18 ~ 20 cm，每亩播种量 12 ~ 16 kg。为了保持苗地表土湿润，以利种子发芽整齐，可用地膜进行大田覆盖，覆盖后加土、压严，防止风吃。

5. 苗期管理

3 月下旬至 4 月上旬，幼苗出土后应及时揭去地膜，待幼苗长出 3 ~ 5 片真叶就可以开始间苗，苗高 10 ~ 15 cm 可进行定苗。每亩留苗 18 000 ~ 20 000 株。6 ~ 8 月，气温高，此时要加强肥水管理，经常除草松土。追肥一般 2 ~ 3 次即可，前二次每亩可用复合化肥 4 ~ 6 kg，最后一次施用复合化肥 6 ~ 8 kg。这样管理到 10 月，1 年生苗达 40 ~ 50 cm，地径达 0.5 ~ 0.7 cm，即可分株移植大田，培植管理成大苗出售。

四十一、红叶石楠扦插育苗技术

红叶石楠，小乔木，因新梢及嫩叶鲜红色而美丽漂亮，深受人们喜爱。其苗木繁育技术如下。

1. 圃地选择

选择土壤肥沃、平坦、排水良好、灌溉条件好、交通较方便的地块。在选好的地块，搭建塑料大棚，或宽 5 ~ 6 m、长 28 ~ 30 m 的竹木大棚，或宽 8 ~ 10 m，长 60 ~ 90 m 的钢管大棚，也可用竹子架和钢管混搭而成。苗圃地土壤在 10 ~ 12 月进行翻耕，翻耕深度在 30 ~ 40 cm。深耕细耙，拣去瓦块、石砾，而后作苗床。苗床底部要铺一层细沙以利排水。苗床一般为南北向，以低床为主，灌足底水后晾晒。扦插前要在苗床内铺基质，基质以洁净的黄心土或洁净的黄心土加少量细沙为好。同时，施入腐熟农家肥每亩2 500 ~ 3 000 kg，磷酸钙 50 ~ 60 kg。盖上大棚薄膜，外加遮阳网即可。

2. 扦插时间

扦插时间一般在 3 月上旬至 4 月中旬。实践观察，8 月中、下旬采穗扦插成活率也很好。

3. 插穗处理

选择生长健壮、无病虫危害的红叶石楠单株做母树，8 月中、下旬选取芽眼饱满，无机械损伤的半木质化的嫩枝或木质化的当年生枝条，剪成 1 叶 1 芽的枝条插穗，插穗长度 3 ~ 4 cm，每穗保留半片叶片，切口要平滑，上剪口不要留得过长，下切口尽量为马耳状。插穗剪好后，要注意保湿，尽量随剪随插。扦插前，按枝条的节下、中、上分别放置并将基部对齐，每 50 ~ 100 根一捆，浸入浓度为 500 mg/kg 的 ABT 溶液中浸泡 1.5 ~ 2 h，以加快生根速度，提高成活率。

4. 扦插方法

先在苗床上按每平方米 350 ~ 400 根的密度扦插，用粗度适当的小铁棍在土壤中打孔，再将插穗插入孔中用手挤实，深度以穗长的 1/2 或 2/3 为宜。插好后立即浇透水，叶面用多菌灵或百菌清 1 000 ~ 1 200 倍液喷洒，从而提高成活率。

5. 插后管理

（1）湿度管理。扦插后 20 ~ 25 d，应保证育苗大棚内具有较高的湿度，相对湿度保持在 85% 以上，小拱棚扦插湿度要保证在95%左右。当湿度不足时要及时喷水，湿度过大时则开窗透气放风。再过15~20 d后，棚内湿度保持在40%左右即可。

（2）温度管理。扦插苗圃的棚内温度应控制在15~38℃，最适温度为23~25℃。如温度过高，应进行及时遮阴、通风或喷水雾降温；温度过低时应使用加温设备加温。加温时易造成基质干燥，故每隔2~3 d要检查基质湿度，并及时浇水，使基质湿度达到40%~60%，否则，插穗易干枯死亡。

（3）光照管理。光照具有杀菌和促进插条生根及壮苗的作用。在湿度有保证的情况下，扦插后的插穗不需遮阴处理，若因阳光强烈棚内温度过高，可采取短时间遮阴（上午10时到下午2时）和增加喷水次数来降低棚内温度。扦插后的拱棚内的管理主要是通过通风、增湿协调光照与温度之间的关系。

（4）施肥浇水管理。扦插20~30 d，当穗条地下部全部生根，并且穗条上部50%~60%穗条发芽展叶时，应逐步除去大棚遮阳网和薄膜，给以比较充足的光照，开始炼苗，结合喷施叶面肥或浇施低浓度水溶性复合肥，以促进扦插苗健壮生长，同时快速成苗。

（5）病虫害防治。5~8月，红叶石楠幼苗期发现苗子叶片发黄、卷曲，可能是温度太高而造成的烧苗，要及时遮阴通风。改善苗圃环境通风不良现象，同时，每隔15~30 d，用50%百菌清800~1 000倍液或用50%代森锌500倍液喷雾预防病虫害的发生，促进苗木健壮生长，当苗木长至1~1.5 m时即可出圃销售。

四十二、银杏树的育苗技术

银杏别名公孙树，俗名白果树，银杏科、银杏属，落叶大乔木。银杏果实、叶子药用价值高，市场货紧价扬，近年来银杏树发展很快。银杏树苗紧缺，尤其是嫁接苗木更少。在采收果实时，存在采收期提早或延后现象，提早采收的果实质量次、产量低，并影响种子繁育能力，发芽率低；过晚采收果实，果实容易散失，也影响产量和经济效益等。

1. 银杏种子的采收

采收种子要选择品质优良、树体健壮的母树，10月上中旬，当银杏果实外种皮由绿色变为橙黄色及果实出现白霜和软化特征时即为最佳采收时期。此期可人工集中采收果实。采果要从树冠外部到内部，从枝梢到内膛一遍净摘果，尽量不要伤害枝梢，保证枝梢健壮完整。收采后的果实应集中堆放，以防散失。

2. 银杏种子的处理

采收后的种子应堆放于光照充足的地方，堆放厚度在20~35 cm，果实表面要覆盖些湿秸秆或湿草、湿麻袋，用于遮阳防止日晒；3~5 d后，果实外种皮腐烂，可人工除掉果实外种皮（用手搓揉或用脚轻轻踩一踩，手要戴上胶手套，脚要穿上长统胶鞋，千万不要让腐烂的银杏果实外种皮接触皮肤，若接触皮肤会产生瘙痒，严重时会出现皮炎和水疱），去除外种子皮的果实要迅速用清水冲洗干净。清洗后的种子应堆放在背阴、凉爽的地方，堆放的厚度为3~5 cm;阴凉3~5 d后，可进行分选贮藏。

3. 银杏种子的贮藏

（1）银杏种子的分级。为了保证果品质量，需要将果实按果粒重量、品质和外观情况进行分级，一级果实为每千克360粒，二级果实为每千克361～440粒，三级果实为每千克441～520粒，四级果实为每千克521～600粒，等外品为每千克601粒以上。分级后的果实可及时上市销售。若是准备贮藏的商品果实或作种子贮藏的果实，应认真选种，选择种皮外观洁白有光泽、种仁淡绿色、摇晃无声音、投入水中下沉的优质种子，同时剔除嫩果、破壳果等。

（2）银杏果实的贮藏。银杏果实可在低温湿润的室内贮放，也可在1～3℃的冷库中冷藏或沙藏存放。试验证明，无论作为商品果实还是作为种子育苗果实，其最佳的贮藏方法都是沙藏。贮藏果实应选择干燥、背阴、凉爽的地方，挖宽80 cm、深100 cm的坑（若贮藏量大，坑的长度可伸长），在坑的底部铺10 cm厚的湿河沙（沙的湿度为手握成团、手松即散。河沙应干净、卫生）。放入种子20 cm，上面放一层10 cm厚的湿河沙（湿度同上），上面再放一层20 cm厚的种子，而后再铺10～20 cm厚的湿河沙，贮藏量大时每隔1 m插入1小捆玉米秸（5～8棵），以便通气。日后随气温下降增加盖沙的厚度，天气特别寒冷时，再覆10 cm厚的沙或土壤。同时，每隔20～30 d检查1次，防止种子霉烂、干燥和鼠害。沙藏的果实作为用种繁育苗木时出芽率可达93%以上，并且出芽整齐一致；其果实鲜艳、质量好，作为商用果品销售时则效益更高。

4. 播种育苗

选择好苗圃并精耕细耙，在3月中旬进行点播，行距

40 ~ 45 cm，株距 15 ~ 18 cm，播深 3 ~ 4 cm，覆土厚 3 ~ 4 cm；每隔 8 ~ 10 cm 播一粒种子，覆土后稍加镇压，用地膜覆盖。亩用量在 48 ~ 50 kg。

5. 苗期管理

4 月下旬，当幼苗长至 10 ~ 15 cm 时，及时松土除草，科学施肥；5 月中旬每亩施入复合化肥 20 kg，7 月中旬每亩再施复合肥 25 ~ 30 kg。施肥时应距离苗株 5 ~ 10 cm 为准，以免肥力烧伤苗木。在 5 ~ 8 月土壤干旱时适时浇水，汛期应注意排涝。

6. 嫁接苗木

3 月中旬进行嫁接，用培育的 1 ~ 2 年生实生苗作砧木，剪取良种母树树冠外中上部 1 ~ 3 年生的粗壮果枝作接穗，每穗留 2 个饱满芽，接穗下端削成 2.5 ~ 3 cm 长的条形，呈内薄外厚。砧木桩剪成 10 ~ 15 cm 高，上端剪除掉，选一光滑面，用刀向下劈，深度同接穗削面，将接穗对准形成层向下插紧，抹上湿泥土，再用塑料薄膜包扎紧。10 ~ 15 d 后嫁接芽眼即可长出新芽。当天气干旱时，浇灌一次水，6 月中旬可以去掉嫁接口处的塑料薄膜，日后逐步加强肥水管理，培养成优质壮苗，可适时出圃销售。

四十三、枫杨育苗技术

枫杨，又名鬼柳，是河南省速生用材乡土林木良种树种之一，喜爱生长在河滩、溪边、潮湿的地方。它的侧枝开展，冠形圆满，树干高大，可作行道树；枝叶含单宁，味苦，病虫害少；材质细白、轻软、不裂、不翘、耐腐，可作箱板、家具、火柴杆和造纸原料。枫杨苗还可作砧木，嫁接核桃。枫杨树苗主要采用播种繁殖技术。

1. 采收种子

8月下旬至9月上、中旬，当健壮母树上的翅果由绿变黄、种子成熟时，可用高枝剪人工剪摘成串的果实，在晒场晾晒2~3 d，去除杂物装包贮藏（冬、春、秋几个季节都可播种育苗，秋季育苗可随采随播）。

2. 种子处理

3月上旬，把种子放在水缸中用35~40 ℃温水浸泡12~24 h，作催芽处理。催芽的目的是促使播种后早发芽，幼芽出土整齐。

3. 整地作畦

在选择育苗的大田里，播种前应进行细致整地，做到土碎地平，然后打畦，畦长15~20 m，畦宽1~1.2 m。

4. 开沟播种

要进行条播，行距30~33 cm，株距3~4 cm，沟深3~6 cm，把种子播于沟内后要覆土踏实。播种量，每千克种子12 000粒左右，每亩地可播种5~6 kg。

5. 苗期管理

苗木生长期，6~9月应及时进行浇水、拔草、施肥、间苗、定苗（每亩可定苗4 500~5 000株）等管理工作。10月上旬，一年生苗木高可生长1 m以上，落叶后即可出圃造林或销售。

四十四、柿树育苗技术

柿树种植分布广，用途大，结果力强，产量稳定，是中国北方主要果品。柿子可以作柿饼、柿酒、柿醋，含糖量高，风味美，营养丰富，受人喜爱。柿树苗木是通过人工嫁接方法繁殖的，其繁殖技术如下。

1. 采收种子

9月下旬至10月上旬，当野生软枣成熟后，人工由树上采下，通过挤压，剥掉果肉，在水中清洗干净后得到软枣净种，贮藏备用。

2. 种子处理

贮藏方法分湿沙层积贮藏和干藏两种。湿沙层积方法：将采收后的种子，在阴凉高燥的地方，挖深50~70 cm、宽70 cm左右的沟，用3~5份湿沙、1份种子混在一起拌匀，放入沟内，上面覆10~15 cm厚的土，第二年3月中旬挖出播种。干藏的种子处理：在春季播种前，用"三开水一冷水"的温水浸种，种子倒入水中进行搅拌，至水变凉，把种子捞出，盛入筐内，上面覆盖麻袋，放于温暖处，每天用温水冲2~3次，待种子膨胀露白尖时，进行备用播种。

3. 整地播种

对苗圃地应进行施肥深耕、细耙、整地，然后进行打畦，开沟播种。行距40~45 cm，株距12~15 cm，沟深3~5 cm，播种后覆土2~3 cm。以条播和点播为好，每亩用种量3~4 kg。

4. 幼苗管理

当幼苗长出二三片真叶时，可按株距6~9 cm进行第一次间苗，间出的幼苗，可以移栽。间苗后进行一次中耕除草。幼苗长到四五片真叶时，按10~15 cm株距进行定苗。结合中耕，每亩施入7~8 kg化肥或农家肥料，促使苗木生长。天旱时要进行浇水。

5. 嫁接苗木

柿树含单宁多，嫁接困难。枝接应在砧木树液流动而接穗处于休眠状态时进行。4月上旬，柿树萌芽似鸦雀口状时，取出贮放于背阴处的接穗，用利刀快速进行嫁接。动作要迅速，以缩短伤面与空气的接触时间，减少单宁酸铁的生成。具体的方法在砧木较粗时用劈接，较细时用切接，或皮下接、切腹接。接穗上端溶蜡后蘸头封顶。

6. 嫁接后的管理

（1）除蘖、护梢。二年的嫁接苗，需进行 2~3 次的除蘖，以保证嫁接的苗梢生长。苗梢长到 30 cm 左右，立柱支架绑缚苗梢，避免大风吹折。

（2）喷药。7、8 月份是高温多湿季节，病虫害盛发期。危害苗木的刺蛾、毛虫出现后，可喷布敌敌畏 1 500 倍液防治。

（3）追肥除草。7月间，苗圃地普遍进行第二次追肥。仍以氮肥为主，配合磷钾肥。用量为每亩磷酸二铵 15 kg + 尿素 15 kg 混合施入或果树专用复合肥 20 kg + 尿素 10 kg 混合追施。同时，进行多次的中耕除草。大雨之后要及时排水防涝。

（4）圃内苗木整形。对生长旺盛的嫁接苗，于苗高 1 m 处强摘心，可促发二次枝，在圃内进行定枝整形。处理时间不要晚于 7 月中旬。最晚于立秋前后要摘心，目的是防止苗梢加长生长，充实苗茎。

四十五、板栗育苗技术

板栗是一种抗旱、抗涝、耐瘠薄的木本粮食果树。因寿命长，产量稳定，味道好，深受人们的欢迎。适合于山地、丘陵栽植建园，可以发展板栗基地。板栗苗木主要有实生种子繁育和嫁接繁育等两种方法。

1. 实生种子繁育技术

（1）秋播繁育。在9月下旬至10月种子成熟期，采种后，挑选出无病虫害、籽粒饱满的种子，在大田内开沟后，即可直接进行播种。

（2）春播繁育。春播的种子要进行层积沙藏。9月上旬至10月中旬，在板栗种子采收后，要选择不积水、高燥、阴凉的地方，挖深 60 ~ 70 cm、宽 90 ~ 100 cm、长度随种子多少而定的沟，将1份种子、2 ~ 5 份湿沙混合均匀，放入沟内贮藏，上面覆土呈层脊状，春季取出播种。播种前作好畦，按株距 9 ~ 10 cm，行距 18 ~ 20 cm，在畦面上开沟，沟深 9 ~ 10 cm，播种深度 4 ~ 6 cm，种子平放好后覆土并轻轻镇压。种子播下后，要经常保持床面湿润，以利出苗。出苗后应及时进行中耕、锄草、施肥等工作。如果管理细致，当年幼苗生长 80 ~ 100 cm 高时可以出圃栽植。

2. 嫁接繁育技术

嫁接的苗木不仅能保持原来的优良特性，而且还能增强板栗的适应性和栽培范围。经过嫁接的板栗生长快、结果早，是保持良种品质的一种方法。其嫁接方法就是在春季树液流动时进行劈接，成活率高。板栗嫁接方法如下：

（1）贮藏种子。大雪至小寒期间，在背阴高燥的地方，挖深 90 ~ 100 cm，沟宽不超过 30 cm 的条沟贮放栗种。其方法是：取出种子后用 3 ~ 5 倍体积的湿沙拌种，厚度为 40 ~ 50 cm，最后盖沙 8 ~ 10 cm。栗种含淀粉多，遇热容易发酵，冻后又易变质。因此，沟内的温度保持在 1~5 ℃为宜。寒冷季节，增加贮藏沟上的覆盖物，天气转暖后，及时退除覆盖物，并上下翻动种子，以达到温度均匀。贮藏时，还要防止雨雪渗入和沙子失水过干（手握不能成团，即为沙子干了，握之成团后滴水即为湿度过大，以手握成团而不滴水为宜）。

（2）贮藏接穗条。调运来的接穗条或采自优良母株的接穗，一般是按 50~100 根捆成一捆，标明品种，竖放于宽 50 cm、深 50 cm、长 150 cm 的贮藏沟内，用湿沙填充好。贮藏沟的表面要覆盖湿麻袋片遮阴。

（3）播种。3~4月上旬，当层积处理的种子发芽率达30%左右时，即可进行播种。先整好宽 1~1.3 m、长20~30 m 的畦面，按行距 40~45 cm，开深 7~8 cm 的播种沟，每畦 2~3 行。按株距 15~20 cm 点播。种子要平放，种尖向南为好，有利出苗。播前沟内浇足底墒水，施入辛硫磷颗粒剂，每亩用量为 2~3 kg。播后覆土 4~5 cm。为防止种子落干，可在覆土 4~5 cm 的基础上，再扶高 3~5 cm 的小平垄，7~10 d 推平，种子即顶土出苗。

（4）嫁接。一般采用成活率高的枝接法。种子直接定植和栽植实生苗育出的苗木，优劣变异很大，产量低。用嫁接苗木种植，有利于提高栗树的经济效益。3月下旬至4月上旬，是栗树枝接的有利时机。枝接方法是：在春季2~3月，把砧木自地面以上 3~5 cm 处剪断，用刀将砧木垂直劈开，深约 3 cm。再将接穗下端削成楔形，每个接穗带 2~3 个芽即可。接穗削好后立即插入砧木切口，二者的形成层要对准，然后用塑料条绑缚，盖土。低部位嫁接后，可用培湿土堆的方法保证接口、接穗湿度；高部位嫁接后，可用套袋装土保温或塑料条缠绑保湿，接穗的顶端断面蘸石蜡封顶，保持嫁接伤口的湿度，以提高嫁接芽的成活率。

（5）嫁接后的苗木管理。

追肥。5月上旬，当年幼苗每亩可追施尿素 5～7 kg；留圃苗每亩追施尿素 20～25 kg 或碳酸氢铵 50 kg。当土壤墒情差时，可浇水一次，促进肥料快速分解，有利于根系的吸收和苗木生长。

喷药防虫。幼苗出土后和嫁接芽萌发后，喷布 8% 的绿色威雷剂 300～600 倍液或撒施 50% 敌百虫 50 倍液处理的毒饵，防治杂食性的金龟子、象鼻虫。靠近栗树和杜梨的苗圃，3月下旬至4月中旬，防治群集于新梢为害的蚜虫，可喷布灭幼脲Ⅲ号 2 000 倍液，同时，可防治苗梢的梨瘿蛾幼虫。

（6）嫁接苗的管理。嫁接苗长至 30 cm 左右时，支架防止风害。春季枝接苗 40 d 左右，视苗木嫁接口愈合的好坏除包湿物及绑缚物，并及时抹去砧木的萌蘖，摘除苗梢上的花序。此期的花序不能结果，新生幼苗没有承受能力。

中耕除草。5月中下旬，圃地要中耕 5～10 cm 并晒墒（一可疏松土壤，二可除掉杂草），从而促进苗木快速生长，到当年 10 月份苗木可达 1～1.5 m，即可出圃栽种或销售。

四十六、梨树育苗技术

梨树为我国主要果树之一。梨的营养价值很高，含有多种维生素和营养物质。果实多汁，味道香甜且耐贮藏，除生食外还可制梨酒、梨膏、梨醋、梨干及各种罐头等。

梨树对土壤、气候等条件要求不严，根深萌芽力强，寿命可达 200 年以上。梨树耐旱涝、耐盐碱、耐寒、耐瘠薄，不论山区、平原、沙荒都能生长，各地均可栽植。

梨树苗木的繁殖方法是嫁接。嫁接用的砧木有棠梨、杜梨和豆梨等野生种子。在砧木培育上，野生棠梨、杜梨和豆梨的根蘖苗、实生苗也均可当做砧木采用。梨树苗的嫁接技术如下。

1. 种子处理

10 月间当野生棠梨、杜梨等果实充分成熟时，及时进行采种，采下的果实经过 7～10 d 的堆积发酵后取出种子，用清水洗净在背阴处晾干。12 月份用 3～5 份湿沙、1 份种子（按容积算）拌匀进行沙藏，沙的湿度以手捏时能成团但不滴水、松手时沙团不散开为宜。在层积过程中，应当检查 2～3 次。发现沙干时可再适当加些湿沙。贮藏到第二年 3 月，种子开始萌动露白尖，即可播种。

2. 整地播种

苗圃地应选择地势平坦、土壤肥沃、排水良好和便于灌溉的地方。冬季进行施肥（每亩施基肥 500～1 000 kg）、深耕、细耙，开春解冻后，立即打畦。畦长 8～10 m，畦埂宽 30～35 cm，高 10～12 cm，并将畦埂踏实、拍平。一般采取条播，每畦播 2 行，播后覆土一指左右。若土壤干旱，可先浇水而后播种，每亩播种量 2.5～3 kg。

3. 嫁接苗木

嫁接方法有芽接和枝接两种。

（1）芽接。在夏季新梢停止生长、皮层容易剥开时进行。在 7 月中旬至 9 月中旬，先用芽接刀将接穗割成方形芽片，长 1.2~1.5 cm、宽 1.0~1.2 cm，芽的上部约占 2/5，下部占 3/5，然后迅速地在砧木距地面 5~10 cm 高处的光滑面，用刀割成"T"形，深达木质部，再用刀尖轻轻将皮部向左右拨开，将芽片插入，用塑膜把伤口扎好，松紧要适度。嫁接后 12~15 d 时即可检查成活率并解塑膜。凡是芽片具新鲜状态的，手触叶柄即脱落为成活芽。反之没有成活，要及时补接。接芽成活后一般不萌发，第二年 3 月上旬发芽前将接芽以上的砧木剪去，3 月下旬至 4 月上旬砧木上萌生的一切萌蘖应及时除去，促进嫁接芽健壮生长。

（2）枝接。在春季 2~3 月进行。把砧木自地面以上 3~5 cm 处剪断，用刀将砧木垂直劈开，深约 3 cm。再将接穗下端削成楔形，每个接穗带 2~3 个芽即可。接穗削好后立即插入砧木切口，二者的形成层要对准，然后用塑料条绑缚、盖土。接穗成活发芽后，轻轻将培土扒开，选留一个旺盛的新梢培养成幼苗，多余的芽条及早除去。当梨苗长到 1~1.2 m 时，可出圃栽植或销售。

四十七、核桃育苗技术

核桃是木本油料树种之一。核桃全身都是宝，除生食外，还是中医上补气养血，止咳、化痰、润肝、补肾的滋补药品。其木材坚韧，纹理致密，耐磨，具有弹性。目前，市场需求量大而且适应性很强，山地、丘陵、平原地都可生长，应大力推广种植。其繁殖方法有种子育苗和嫁接育苗两种。

1. 种子育苗

（1）播前种子处理。9 月份白露前后种子充分成熟时采收。核桃外壳很坚硬，为了促使它早发芽，提高发芽率，种子必须进行处理。

（2）层积沙藏。择高燥非盐碱地，挖沟宽 1～1.5 m、深 65～70 cm，长度按种子量而定。在沟底铺一层 2.5～3.5 cm 厚的湿沙，然后铺一层核桃，再盖一层沙，沙层 8～10 cm，直到离地面 8～10 cm 为止，上面再覆盖 3～5 cm 沙土。在层积过程中翻种 2～3 次，使上下温湿度均匀，将来发芽整齐。

（3）冷水浸种。浸种时间长短依壳的厚薄而定，通常浸 7～10 d，当种皮与种仁能分离时，即可取出播种。浸种时不宜用铁器，浸种期间每 24～48 h 需换水一次。

（4）播种时期。一般有春播和秋播两种。秋播在 9 月下旬至 10 月中旬，选择饱满种子播下，此时种子不需处理就能顺利发芽。春播在 3 月中下旬至 4 月上旬进行，此期的种子必须进行层积沙藏才能出芽。过早，地温低，发芽迟，易受霜害；过晚，生长期短，出土时易受灼伤。

2. 嫁接育苗

嫁接可提前结果，节约种子，减少投入，并能保持优良品种的特性，其中芽接方法成活率较高。

芽接。入伏以后（农历 6 月下旬至 7 月下旬）进行嫁接成活率最高。常用的方法是"T"字形芽接，由于核桃含单宁较多，因此嫁接时动作要快，尽力缩短切面与空气的接触时间，同时要求切口平滑，以提高成活率。

四十八、桂花树苗的扦插繁育技术

桂花树，常绿乔木。属木犀科。其枝叶浓绿、姿态优美，花色为金黄色或米黄色，气味浓郁，芬芳扑鼻，飘香数里，花可食用和提炼香精，是我国重要的园林和经济树种，具有很高的观赏和经济价值。桂花因嫁接技术要求高、嫁接成活率低，繁育苗木速度慢。为了快速繁育其苗木，我们进行了扦插快速繁育苗木技术试验，取得了成活率高的快速繁育桂花树苗的育苗技术。

1. 苗圃地的选择与做畦

（1）苗圃地选择。苗圃地要选择地势平坦、土壤肥沃、交通方便、浇水、施肥条件良好的地方做苗圃地。

（2）做苗畦准备。在苗圃地内选择平坦的地方，深耕细耙，每亩施入 800～1 200 kg 的农家肥，同时施入复合化学肥料 80～100 kg，而后做畦。畦宽 110～120 cm、高 25～30 cm，沟宽 40～45 cm，畦内要做到土壤精细、平整、便于扦插，在插畦上方搭盖距畦面 40～50 cm 高的塑膜小拱棚，其上再搭盖距畦面 180～190 cm，透光度 30～40 的遮阴棚。

2. 扦插时间与插条采集

（1）扦插时间。在河南省的平顶山市、许昌市、漯河市等地区，一般在 4 月下旬至 6 月下旬，或在 8 月下旬至 9 月中旬分两个时期进行。优良母株新梢开始生长期或停止生长期，枝条内所含养分较多，其分生组织能力较强，同时这两个时期的温度较为适宜（12～36 ℃），这两个时期扦插育苗后容易生根发芽成活率高达 97% 以上。

（2）插条采集。要选择优良桂花母树上的枝条，母树生长旺盛、无病虫害的健壮植株，用修枝剪剪取其树冠外围上部一年生或当年生半木质化的嫩枝作插条。插条要剪成 30~40 cm 的枝节，同时捆成小捆（50~100 枝节），捆成小捆后要用湿麻袋片缠绕 2~3 层包裹带回室内处理待用即可。

3. 插条处理与扦插操作

（1）插条技术处理。将采回的桂花插条，用修枝剪剪成 8~12 cm 长，其上保留 1~2 片剪去一半的叶片；枝条上端剪成平口，枝条基部削成马蹄形斜面，而后捆成小捆，将剪好成捆的枝节下端基部 2~3 cm 浸入 1∶1 500 倍液的萘乙酸或 ABT 生根粉 1 号 1∶1 000 倍溶液中浸 1~1.5 h，然后取出插条备用。

（2）扦插技术方法。将处理后的桂花插条按粗细一致的分畦扦插。扦插应以 5 cm×10 cm 或 6 cm×12 cm 的株行距进行扦插，插条插入土壤深度 2/3 即可，同时，用手压紧插穗周围的土壤。最后用 0.01%~0.02% 的多菌灵水溶液浇透插床 1~2 次，进行土壤消毒及供水保湿提高成活率。

4. 枝条插后的技术管理

（1）遮阴浇水保湿技术。桂花枝条插后，在棚膜内看到无水珠和床土干燥时 3~4 d，应用喷水壶喷水保湿。遮阴棚的棚布要在上午 7 时 30 分至 8 时 30 分进行遮阴，下午 6 时 30 分至 7 时 30 分遮阴布掀去，膜棚内相对湿度应保持在 80%~85%，气温控制在 17~29 ℃。如果温度偏高、湿度过小，可通过掀除遮阴布和增加喷水进行调节；如果温度偏低、湿度过大，可采用封闭棚膜和减少喷水的措施进行控制，从而保证苗木的正常生长发育。

（2）喷药松土除草技术。在管理期间，每隔 3~5 d 要喷洒 1：1 000 倍的多菌灵水溶液 1~2 次，以防止插条感染细菌而造成皮层腐烂，致使苗木枯死。同时，要及时松土除草，以保持土壤良好的通透性，防止插条幼根缺氧引起腐烂或枯死。

（3）抹芽打叉施肥技术。在桂花插条萌芽后，必须人工及时抹去插条基部多余的萌芽，以减少不必要的养分消耗，促进插条快速生长发育。在管理期要结合喷水保湿，每隔 10~12 d 喷施 0.2% 的尿素或磷酸二氢钾溶液 1~2 次，以促进插条根系和新梢的快速健壮生长。

（4）拆棚大田种植技术。4 月下旬至 6 月下旬扦插的苗木，在 9 月下旬，入秋后可及时拆去荫棚，第二年春季可将成活苗木移植大田苗圃种植培育；若是秋插（7~9月）的可在第二年春季拆去荫棚，5 月下旬至 6 月上旬也可将苗木移植于大田苗圃种植培育。4 月下旬至 6 月下旬和 8 月下旬至 9 月上旬扦插的苗木也可在苗畦内留床 1 年，次年 10 月苗高达 30~50 cm 时，可出圃定植栽种或移至大田露地种植，培育成大苗后出圃销售。

四十九、杞柳树育苗技术

杞柳，俗称簸箕柳，是一种丛生灌木，在土壤肥沃、湿润、疏松的地方，冲积沙土地和河岸渠边均宜生长，尤其在轻沙地、杞柳枝条细长柔软、韧性大，是编织柳条箱、篮、筐、簸箕、安全帽等用具的好材料，用它编成的条器，美观轻便，经久耐用；河旁、渠边造林固岸防冲效果也很好。利用空闲地发展杞柳，投工少收益快，林农喜欢栽植。其育苗技术如下。

1. 杞柳品种特性

杞柳从皮色上可分为四种：白皮、青皮杞柳，枝条粗、弯曲、韧性差，不大适于编织器具；红皮杞柳，枝条粗而匀直、比较柔软，可作编织器具；黄皮杞柳，枝条细直、柔韧，可编上等物品。因此，应尽量多发展红皮杞柳和黄皮杞柳。

2. 杞柳育苗技术

（1）插条繁育。杞柳的萌芽力强，一般都是插条繁育。插条的时间春、夏、秋三季均可。3月上中旬和8月下旬至9月上中旬为最好，成活率高，生长旺盛。秋季雨多、土壤湿润，8月上旬即可插条；当冬季积雪较多时，2月下旬至3月上旬即可插条。若是秋季干旱，冬季又无积雪，可在7月的雨季插条。插条要选用一年生筷子粗条子，截成30~40 cm长作插穗最好，进行墩状直播，每墩4~5根，插穗上部露出地面2~3 cm，然后用脚踏实即可。

（2）插后管理。插后2~3年进行平茬。为了不使枝条发杈，每年要进行3~4次抹芽。抹芽时，不要伤皮，以免影响条子质量。采条时期，以"清明"节前后或"二伏"后到"立秋"进行最好，这个时期容易剥皮，剥皮后是白色，称为"白柳"，品质良好；秋季收割的条子不易剥皮，称为"青柳"，一般用来编织粗糙的物品。收割的枝条要及时剥皮，剥皮后暴晒2~3 d，否则易发霉变质，降低价值。因此，收割枝条时，需考虑天气情况，如有落雨迹象，应停止收割。应做到天旱晴天割条，阴雨连绵不割条，割条的最好时间是雨过天晴的早晨和太阳快落的下午进行。

五十、李树育苗技术

李树是中国主要果树之一，果实味甜、酸、香，很受人们喜爱。

李树可用分株、嫁接、实生和扦插等方法繁殖，生产上一般用嫁接方法繁育苗木，促其提早结果。

李树种子的贮藏和播种方法大体与桃相同，但是李树种子完成后熟阶段要求条件较高，一般需要较高的温度，即白天 18 ~ 20 ℃，夜间 12 ~ 13 ℃，经 40 d 才能完成后熟。后熟完成后放在 1 ~ 3 ℃ 的低温条件下贮藏，待春季（次年春）播种。通过一年的培育，砧木地径达 1.5 ~ 2 cm 时，即可嫁接，嫁接的方法如下。

1. 砧木种类

李树可用李、桃、山桃、杏、梅、樱桃等果树种子作砧木，以桃、山桃和杏较好。

2. 嫁接方法

嫁接通常采用芽接或枝接法，芽接以"丁"字形芽接为主，但李的皮层较薄，很容易和木质部脱离，因而要特别注意取芽，刀宜快，手宜轻；插入"丁"字形接口时，要轻轻放，不可硬接；接后缠缚宜紧密，成活后即刻解除。枝接多用切接、劈接、腹接等方法。嫁接后要及时中耕除草、浇水、施肥，于 3 月上中旬采取抹萌、剪砧、防治病虫害等技术管理措施，确保苗木健壮生长。嫁接后到 10 月份苗木可达 100 cm 以上，即可出圃或销售。

五十一、樱桃树育苗技术

樱桃是中国早熟果粒之一，果实色泽鲜艳，味道酸甜适口，受人喜爱。

樱桃树苗木繁殖多用压条、扦插和嫁接等方法。

1. 压条法

压条法是利用灌木形母株基部萌蘖的枝条，在 3~4 月压条堆土，第二年 3~4 月扒开土堆，生根的蘖苗及时修除多余的分枝，同时，要与母树截除，培养成 1 m 以上即成合格苗木。

2. 扦插法

硬枝扦插有秋季和春季扦插两种。插条多选生长充实的一年生枝，截成 15~20 cm 的长度。秋插在落叶后随采随插；春插于秋季采插条，在贮藏窖或沟中以湿沙埋藏越冬。春插适期为春分前后，一般多用直插法，株行距为 20 cm × 40 cm，插条上覆土 5~8 cm，以免风干，影响成活。樱桃扦插成活后，容易产生萌蘖和分枝，这给培土压条、加快砧木苗繁殖提供了有利条件。

3. 嫁接法

樱桃嫁接一般先定植砧木苗。1~3 年后当砧木达一定粗度（直径 3~5 cm）时，于春季树液流动前进行地面切接或劈接，樱桃芽接技术比较困难，提高芽接成活率的方法是：

（1）嫁接时期，以 7~8 月为宜。

（2）秋季芽接，接穗应选择停止生长较晚的优良品种的健壮幼树上，采取或利用秋梢及二次枝的芽眼为好。

（3）采用"丁"字形芽接，芽片应加长到 2.5~3 cm；削芽时注意勿使芽片表皮崩裂或碰伤接芽；"丁"字形接口需按芽片长度全部划开，然后将接芽片放入，不能硬性插入。

（4）绑缚要严紧，接后 10～15 d 应及时解除绑缚物。

（5）嫁接前 3～5 d，如果天旱，需充分灌水；嫁接后忌灌水；以免引起伤流影响成活。在 9 月至第二年的 5 月要及时修剪多余的芽眼或枝条，确保嫁接苗木的健壮生长。

五十二、杨树育苗技术

杨树是我国主要栽培林木树种，因其速生在中原地区很受林农欢迎。当前杨树苗木的繁殖方法，主要是在每年的 3 月上旬，大田扦插枝条繁殖，扦插后的枝条一边抽生枝芽，一边萌生根蘖。此期，北方气温回升快，风大、土壤干旱，枝条易失水，使抽生的新芽或萌生的根蘖因遭受干旱回芽和干枯而死亡，导致幼苗成活率低。即使此期苗圃地浇足水分，其萌生的枝芽和新生根成活，因浇水使土壤土温降低抑制了扦插条的萌芽或生根的快速生长能力，也会导致到当年 9 月下旬苗木停止生长时每亩有 50% 达不到国家一级（苗高为 350 cm、地径 2.5 cm）的标准，当年不能出圃，一般到第二年春天 3 月上旬截条留基根在土壤内，再萌发新芽生长一年才能出圃销售，费时、费地、费工，影响销售和效益。

杨树快速繁殖育苗技术繁育期短、出苗率高、出苗整齐，10 个月培育期每亩土地 85% 苗木可达到国家一级苗木标准，当年可出圃销售。同时，节约土地、节约时间、节约投入、节约人工。12 月插播育苗比第二年 3 月插播育苗生根开始期、萌芽期、开始生长期都会提早 20～30 d，同时具有抗倒春寒、春旱等异常天气的优点。杨树快速繁殖育苗技术如下。

1. 苗圃整地

9 月份要对准备育苗的苗圃地施足底肥整地，一是每亩施入 8 000～12 000 kg 农家肥和 100 kg 复合肥；二是翻耕土地深 25～30 cm、晾晒冬冻土壤；三是 12 月上旬整地筑畦，做到精耕细耙，然后在整好的土地上筑成边长 10 m、宽 1 m、垄宽 12～15 cm，高 5～10 cm 的畦备用。

2. 种条选择

9 月下旬至 10 月上旬树木落叶后，选择生长健壮发育良好、芽子饱满、无病虫害的一年生苗干作种条，用红漆标记作好备用。种条部位的优良粗细直接影响育苗成活率和萌芽率，种条以基部、中部条为好。采集的种条要分别截成 17～20 cm。截时最好用修枝剪剪截，上部留 1～2 个饱满芽子，芽顶离切口长 1～1.5 cm，下截口为马蹄形（便于扦插，有利于伤口愈合、吸收水分和促进萌蘖新根）。切忌剪口劈裂和损伤芽子。根基部和中部截条分别贮藏，做到可随采、随剪、随分级、随扦插。

3. 扦插方法

12 月上中旬，作畦作垄，在满足底墒、达到疏松平整土地上扦插。扦插前，把截好捆整齐的枝条放在冷水中浸泡 48 h，使其充分吸水，然后放在 SSAP 保水剂糊（2 kg 水 0.1 kg SSAP 保水剂）中浸蘸一次即可。扦插时，按株距 20 cm、行距 25 cm 垂直插入土内；插穗第一个芽要埋入土壤内 0.7～1.5 cm，把土封成微形土丘状进行防寒，而后踏实，使插穗与土壤紧密结合。扦插时一定注意随采种条、随剪枝条、随插种节、随封土壤。第二年，3 月中下旬若墒情差可浇水一次。经试验观察，12 月插条，插后 7 ~ 10 d 剪口愈合，44 ~ 60 d 下部开始萌蘖和萌生 0.5 ~ 1.5 cm 的白色根系（插条在 7 ℃时，43 d 生根，12 ℃时 20 d 生根，18 ℃时 7 d 生根，20 ~ 30 ℃同样 7 d 生根，当温度为 18 ℃是插条皮部生根的最适温度）。扦插后要保持畦面湿润，地面出现干皮时要松土保墒，芽萌发后 5 ~ 7 d 浇一次水，当幼苗展叶 5 片左右时，插条本身的养分已经用完，出现一个生长停滞期，在停滞期前加强管理，此时幼根生出，并开始供应本身需要的养料和水分，小叶舒展呈嫩绿色，度过成活关。

4. 加强管理

为了保证苗木健壮生长，一是在 3 月下旬至 4 月上旬对扦条萌发的芽子要抹去多余的，因为幼芽出土后，常是丛状密集一处，选留一个健壮良好的芽，把其他芽摘除。二是除在扦插前合理施足底肥外，在生长期要增施追肥，并掌握“多次、少量”的原则，在 5 月中旬、6 月中旬、7 月上旬和 8 月底施追肥，每次每亩施入 50 ~ 70 kg 的复合肥。另外，要注意及时松土、除草，在 7 ~ 9 月要抹掉枝干上多余的枝梢杈，同时加强对苗木根部培土等管理，以防止风吹雨打使苗木发生倒伏。

5. 病虫害防治

（1）在 7 ~ 8 月高热多雨季节易发生黑斑病等病害，特别是在潮湿低洼处更易发生。同一地方连年培育杨树，也易发生此病。此时应加强管理，实行轮作，每 7 ~ 10 d 喷一次 1%的波尔多液，连续喷 3 ~ 4 次，可防治黑斑病。

（2）在 5 月中旬的幼苗期，主要虫害是金龟子危害叶片，危害轻时叶片呈孔洞，严重时叶片全无。防治方法是，在虫害发生期使用8%氯氰菊酯1 000倍液喷雾防治，每隔15 d喷药1次，连喷2次。

五十三、桃树育苗技术

桃子营养丰富，味道鲜美，是人们所喜爱的果品之一，但是，桃树的发展面积逐年增加，桃树苗木供不应求。桃树苗木培育技术如下。

1. 砧木种类的选择

砧木的优劣，对桃树的生长和结实影响极大，要培育优良苗木，必须选择适合当地自然条件的砧木。桃树的砧木一般采用山桃和毛桃（山区宜用山桃，平原宜用毛桃），杏和李也可作为桃树的砧木。

2. 砧木种子的采集

繁殖砧木苗所用的种子应在生长健壮、无病虫害的优良母株上采集。果实必须充分成熟，种仁饱满后方可采收，因为未成熟的种子，种胚发育不完全，内部营养不足，生活力弱，发芽率低，影响出苗。将采摘的果实去除果肉，取出种子，放在通风背阴处晾干（不可日晒）。待种子充分阴干后装入袋内，放通风干燥的屋内贮藏。

3. 种子的层积处理

种子采收以后，必须经过一定时间的后熟过程，才能萌发芽眼。其后熟过程需要一定的温度、水分和空气条件，如果环境条件不适宜，则后熟过程进行缓慢或停止。对种子进行层积处理是最常用的一种人工促进种子后熟的方法。春播的种子必须在播种前进行层积处理，以保证其后熟过程顺利进行。

种子层积处理的方法是先将细沙冲洗干净，除去种子中的有机杂质和秕粒，以防引起种子霉烂，一般采用冬季露天沟藏。选择地势较高、排水良好的背阴处挖沟，沟深 60~90 cm，长宽可依种子多少而定，但不宜过长和过宽。沟底先铺一层湿沙，然后放一层种子，再铺一层湿沙，再放一层种子，层层相间存放，沙的湿度以手握成团而不滴水为宜。当层积堆到离地面 8~10 cm 时可覆盖湿沙达到平面，然后用土培成脊形。沟的四周应挖排水沟，以防雨、雪水侵入。沟中每隔 1.5 m 左右，竖插一捆玉米秸以利透气。在沙藏的后期应注意检查 1~2 次，上下翻动，以通气散热。沟内温度保持在 0~7 ℃ 为宜，如果沙子干燥，应适当洒水增加湿度。如果发现有少量霉烂的种子应立即剔除，以防蔓延。

4. 播种前的准备

（1）土壤准备：苗圃地应在秋季进行深翻熟化。一般深翻 25~30 cm。同时施入农家肥每亩 5 000 kg 左右，以增加活土层，提高肥力。在播种前要培垄作畦，垄距 48~58 cm，高 12~16 cm，尽量要南北向，以利于受光。垄面要镇压，上实下松。干旱地区，作垄后要灌足水，待水渗下后再播种。

（2）鉴定种子生活力：为确定种子质量和计划播种量，防止种子在贮藏过程中生活力降低而影响育苗任务的完成，在播种前必须鉴定种子的生活力。凡种子饱满，种胚和子叶均为白色，半透明，有弹性，无霉变味，就是好种子。也可做一下发芽试验，计算其发芽率，用以判断种子的生活力。

（3）浸种催芽：浸种可使种子在短时间内吸收大量水分，加速种子内部的生理变化，缩短后熟过程。特别是未经层积的种子，播种前必须浸种，以促使萌发，经过沙藏但未萌动的种子，再经浸种，萌发更快。浸种方法有冷水浸种和开水浸种两种。冷水浸种是将种子放在冷水中浸泡5~6 d，每天换水，待种子吸足水后即可播种。如播种时间紧迫，种子又未经沙藏，可对种子进行开水浸种。方法是将种子在开水中浸没半分钟，再放入冷水泡2~3 d，待种壳有部分裂口时即可播种，但应注意切勿烫伤种胚。此外也可将硬壳敲开利用种仁播种。

5. 播种时期与方法

桃的播种时期一般为秋播和春播。秋播是在初冬土壤封冻以前进行。此时播种，种子不需要沙藏，直接可以播种，且出苗早而强壮；春播则在早春土壤解冻后进行，必须是经过层积处理的种子，在整好的苗圃地上按一定株行距点播，每垄可播二行，按行距25~30 cm开沟，株距12~15 cm点种。为了利于幼苗生长，种子应尽量侧放，使种尖与地平行，覆土厚度为种子直径的2~3倍，覆土后稍镇压，每亩用种量40~50 kg。

6. 播种后的管理

在风大、干旱地区，播后应盖稻草，以保墒防风，便于幼苗出土。如土壤过干、幼芽不能出土时，一般不宜浇蒙头大水，最好用喷壶勤喷水，或勤浇小水直至出苗。当有20%左右的幼苗出土时，可去除覆盖物。在幼苗出现3~4片叶时，如过密要进行间苗移栽，株距以18~20 cm为宜。移植前两天浇水或在阴雨傍晚移栽，严防伤害苗根。

在幼苗生长过程中要随时进行浇水、中耕除草和防治病虫害，经常保持土松草净墒情好。在 5～6 月间结合浇水，每亩可追施硫酸铵 10 kg，以促其生长，使其尽早达到嫁接标准。

7. 嫁接苗木技术

通过试验，桃树一年四季均能进行嫁接。既节约土地、节约时间又提高效益。

（1）春季嫁接法。2 月中旬至 4 月底，此时砧木水分已经上升，在其距地面 8～10 cm 处剪断，用切接法嫁接上优良品种接穗即可。此法嫁接桃树成活率最高。

（2）夏季嫁接法。5 月初至 8 月上旬，此时树液流动旺盛，桃树发芽展叶、新生芽苞尚未饱满，是芽接的好时期。可在生长枝或发芽枝的下段削取休眠芽作接穗，在砧木距地面 8～10 cm 的朝阳面光滑处进行芽接。10～15 d 后，接口部位明显出现臃肿，并分泌出一些胶体，接芽眼呈碧绿状，就表明已经接活。2～3 d 后，在接口上部 0.5 cm 处向外剪除砧木（剪口呈马蹄形，以利伤口愈合）。待新梢长到 6 cm 左右时，在砧木贴干插一个支撑柱，缚好新梢，引导其向上生长。若没有嫁接成活，可迅速进行二次嫁接。

（3）秋季嫁接法。7 月下旬至 9 月底，此时当年新生芽苞叶片已长成，可削取带有叶柄的接穗进行芽接。嫁接后 7 d，如果保留的叶柄一触即掉，证明已嫁接成活。接活后的植株，可在第二年初春萌芽以前（3 月中旬），在接口上部 0.5～1 cm 处剪去砧木。

（4）冬季嫁接法。11 月至翌年 1 月底，砧木树液停止流动，可采用根茎嫁接法。即把根茎上段的砧木剪掉，扒去根茎周围土壤进行枝接，枝接后轻轻将湿润的细土覆在周围并让接穗露出少许，再盖上地膜，保墒、保温和防寒，以利越冬。翌春，成活的接穗会迅速发芽。3月下旬至4月中旬揭去地膜即可。

8. 嫁接后的管理

（1）剪砧：在春季发芽前剪去砧冠，剪口离接芽0.2～0.3 cm，并稍微倾斜，不可过低伤害接芽。

（2）除萌：剪去砧冠后从砧木基部易发出大量萌芽，应及时掰除，有利接芽生长。

（3）施肥、灌水和中耕除草：为促使苗木健壮生长，应根据土壤肥力和苗木生产情况酌情追肥。一般在6～7月间苗木加速生长期施硫酸铵，每亩3.5～5 kg，并根据墒情和降雨情况适当浇水。苗木生长期要不断进行中耕除草，并防治病虫害，以保证苗木生长健壮。

9. 苗木采挖出圃

在起苗时注意不可伤根过多，劈伤的根应适度修剪伤口。随起苗随分级，每50～100株一捆。若运输须进行包装，根部用湿草袋包严或将根部蘸泥浆，并用绳绑缚起来即可起运。若挖苗以后暂时不栽不运，可挖东西沟，假植，将苗木竖放沟内，梢向南，根部封土厚30～40 cm，以防冻害和失水，待栽运时从假植沟中将苗挖出。

五十四、晚秋黄梨树育苗技术

优良品种的晚秋黄梨树苗木是通过嫁接繁育而成的，只有选择良好的砧木，同时还要有优良的母树接穗和过硬的嫁接技术，才能繁育出优质健壮苗木。

1. 砧木种子的选择

梨树砧木种类主要是野生棠梨，其生长旺盛，根深，适应性强，抗旱、耐涝、耐盐碱，为我国北方梨区的主要砧木。

2. 砧木种子的采集

砧木种子必须充分成熟，一般当种皮呈褐色时，即可采收。采集时间为 9 月下旬至 10 月上旬。种子采集过早，发芽率很低。防止"采青"是提高砧木种子质量的一项关键措施。采集后要及时除去杂物，堆积倒翻，果肉变软后，用清水漂洗，淘出种子，晾干簸净，收藏待用。

3. 播种技术

（1）种子沙藏处理。梨树砧木种子须通过 5 ℃左右的低温处理，第二年 3 月上旬才容易发芽，生产上多用挖沟层积法，处理 60 ~ 70 d。沙藏处理的种子如果发芽过早，来不及播种，可把盛种子的容器放在背阴凉爽的地方，使其延迟发芽；种子发芽过晚，赶不上播种时，则应提前进行催芽处理。

（2）整地育苗。苗圃地要注意不能重茬，一般 3 年内不能重茬，否则苗木生长发育不良，嫁接后成活率低。苗圃最好进行秋翻，深度为 30 ~ 40 cm，并结合翻耕放入基肥，春季解冻以后作畦播种。

（3）播种时间。一般为 3 月下旬至 4 月上旬，在整理好的土地上进行条播，特别注意在播种后要覆好土并轻轻压实，这样能抗旱保墒，防止降雨造成土壤板结。具体的做法是：2 月中下旬对苗圃地灌足底水，整地作畦，然后用耧或开沟器开沟，宽窄行播种，宽行 60~70 cm，窄行 30~40 cm，每畦 2~4 行，沟深 4~5 cm。开沟后，用粗木棍将沟底弄平，并把沟内翻出的土块敲碎。如果土壤墒情不好，可提壶浇水后再播。播种时种子可分为两次播入，这样可使种子均匀地分布在沟内。一般播种量为每亩 1~2 kg，种子发芽率低的可适当增加播种量。播后用平耙封沟，覆土 2 cm 左右，多余的土块、杂物耧出畦外。覆土后在播种沟上面撒些少量的麦秸、干草做标记。将畦内松散的土壤刮成高 10~15 cm 的土埝于播种的沟内，播种后 7 d 左右，即可扒平覆在表面的细土，以露出地面标记为度。在春季温度增高的情况下，播种后要及时检查，发现个别已出芽接近地面时，要迅速撤除细土，一般扒开细土 2~3 d 即可出苗。

4. 嫁接与管理技术

（1）嫁接晚秋黄梨苗主要采用"丁"字形芽接，较粗的野生棠梨萌蘖苗，可用腹接或切接的方法去嫁接，以利于成活。

（2）嫁接后的梨苗管理。因播种圃内的密度较大，生长往往不一致，最好在第二年春季发芽前将嫁接好的半成苗进行分栽，以扩大幼苗的营养面积，同时切断根系，解决砧木主根过长的问题。分栽后，将刨起的苗木按接活和未接活的、粗壮的和细弱的分别栽植管理：嫁接活的苗木按 15 cm 株距、30 cm 的行距栽植，每亩 6 000~8 000 株，栽后及时浇水，同时剪砧（嫁接芽眼以上的枝条）；随着嫁接芽的萌发生长，及时清除根蘖，还要在 5~6 月苗木迅速生长前期追肥两次，每次每亩施尿素 5~10 kg。对漏嫁接和未嫁接活的苗木按 10 cm×30 cm 株行距栽植，每亩栽

8 000 ~ 12 000 株，这些砧木可用枝接法或带木质部芽接法及时补接，通过管理补接后的苗木仍可当年生长成 90 ~ 100 cm 的壮苗出圃。

（3）晚秋黄梨树摘心。为了增加副梢，扩大叶面积，当苗高为 120 cm 左右时，在 90 ~ 95 cm 处半木质化或木质化部位剪截，并把剪口下第一、二芽位的叶片剪掉。

（4）肥水管理。3 月下旬剪砧以后，应及时加强肥水管理，苗高 30 cm 左右并结合浇水，每亩追施尿素 5 ~ 10 kg。摘心以后，7 月中、下旬，9 月上、中旬至 10 月中旬应进行根外追肥。一般叶片发黄或发红时，对苗木喷布 300 倍液的尿素；若叶片变深绿色时，喷布 300 倍磷酸二氢钾，从而促使苗木的健壮生长和营养积累。

5. 根蘖苗的培育

根蘖苗是在砧木种子缺乏、培育少量晚秋黄梨苗时采取的措施，通常在落叶后或发芽前将梨园或野生梨区的根蘖苗采挖移植到苗圃中定植培养，以供嫁接使用。

野生根蘖苗的皮层和木质部都比较坚硬，芽接不易成活，多在归圃后平茬。为了搬运和栽植方便，根蘖苗可在主茎的 15 cm 处剪截，然后按粗细强弱分别栽植，群众叫做"梨根子"。抽生的新梢成熟后，夏、秋两季芽接，当年不萌发，第二年出圃。

根蘖苗的管理主要有两个方面：一是追肥浇水；二是抹芽除蘖。栽植后要灌透水，并经常保持土壤湿润，特别是麦收前后干热风季节，要注意及时浇水，并结合浇水进行追肥和中耕除草，以促使新梢迅速生长。梨树的萌芽力较强，剪砧或平茬后将不断发大量砧芽，春季嫁接的，应及时清除萌蘗。用于夏、秋季接的萌蘗苗，当新梢长 2 cm 左右时，选留两个健壮芽，其余的全部清除；长 5 cm 左右时，再去一留一，继续培养。苗木高长至 80～100 cm、地径 1 cm 的就为合格苗木，10 月就可以出圃销售或建园。

五十五、石榴树的扦插育苗技术

石榴树苗木的繁育方法，主要有种子育苗、枝条扦插育苗和分株育苗等。但在林果生产中，主要是采用枝条扦插育苗繁殖方法，其扦插育苗技术如下。

1. 采集枝条

1～2 月，结合冬季石榴树的整形修剪时期，对修剪掉的石榴果树的枝条进行收集整理，可以把剪掉的枝条作种条再利用，变废为宝。即在修剪石榴树时，把修剪掉的健壮、无病虫害、芽眼饱满芽的 1～2 年生枝，枝粗在 0.5 cm 以上的枝条，1 年生枝剪除二次枝，2 年生枝保留极短枝（针状枝），按 13～20 cm 截为一段，枝条顶端距顶芽 0.5～1.0 cm 处平剪，下端剪成斜茬。做到 20 根捆为一捆，集中埋入湿沙沟内，贮放保存备用。

2. 深翻圃地

石榴树育苗圃地，应选择通气性好的沙质壤土。即翻地前要每亩施入腐熟的农家肥 2 500～3 000 kg，再进行耕翻 30～40 cm。为便于地块的整平和浇灌、操作的方便，可先划分为许多小区，整平后再打畦。畦宽 100～120 cm，埂宽 30～35 cm，高 20～25 cm。最后松土作畦，耕平等待扦插。

3. 扦插枝条

将截好存放在沙里的枝条取出，放入清水中浸泡 24～

30 h。整好的畦内放上水。水渗后，按行距 40～45 cm、株距 20～25 cm 插入枝条。斜插，深度要求顶端的芽节与浇水面相平，然后全畦用地膜覆盖，使土壤保持较大的湿度，促进萌芽与生根。

4. 苗期管理

（1）炼苗。3 月下旬至 4 月上旬覆盖直插育苗的插条发芽后，此期气温低，可让其在膜下生长。待 4 月中、下旬以后，气温升高，插条芽梢伸长，为防止日灼伤害嫩芽，可在条上剪膜成孔，让嫩梢伸出膜外。先破膜炼梢放风 24～48 h 后，再掀膜露梢。膜孔的四周用土压住地膜，防止风吹地膜抖动，损伤嫩梢。若土壤干旱时，可顺膜浇水，保温促苗生长。

（2）定苗。5 月及时定苗，及时拔掉密苗、弱小苗、畸形黄化苗，缺苗严重处进行补植。最后每亩留苗 5 000～7 000 株为好。随后还要疏株定梢，扦插苗萌发的嫩梢，只留一梢生长，多余的全部抹除，以集中养分促新生苗干快速生长。此期应注意防治病虫危害，幼苗出土和插条发芽后，可喷布 1 000～1 200 倍液粉锈宁 1～2 次，防治棉蚜的为害。啃食芽子的象鼻虫、金龟子发生严重区，还必须撒施 50% 敌百虫 50 倍液浸过的毒饵，诱杀害虫。同时结合人工捕捉成虫，对其灭杀减少危害。

（3）除膜。6 月要除膜，可亩追尿素 4～6 kg。施肥后，浇水土壤湿润与疏松，15～20 d 浇水一次。浇水后及时锄地松土，既保墒，增加土壤透气性，又除掉了杂草。

（4）修苗。7 月上旬，及时对苗干进行修整。石榴的萌发力很强，苗子主梢上很易萌发二次枝、三次枝。其前期有利苗梢的加粗生长，过多时，则影响苗木的加高生长，对培育苗干不利。可进行疏除部分中下部的二次枝，重短截部分枝，保留弱小的短枝，辅养苗干加粗。

（5）防虫。8月追肥与浇水。此期是苗木生长最旺盛的时期，可追肥1次，每亩施尿素化肥10~18 kg。干旱时结合浇水进行。降雨后及时排水防止圃地内涝。在晴天气温高时的上午10时前或下午4时后，对苗株喷布一次50%多菌灵可湿性粉剂1 000~1 500倍液，可防治红蜘蛛、龟蜡蚧、刺蛾等，确保苗木健壮生长。到10月上旬，苗木可生长80~120 cm；10月下旬，落叶后可起苗销售。

五十六、猕猴桃的扦插育苗技术

猕猴桃，又名杨桃、山洋桃、毛梨桃，是原产我国的野生藤本果树。其果实近圆形，果肉绿黄色，质细多汁，酸甜味浓，具香气，果个较大；坐果率高，结果早，丰产稳产，抗风、耐高温；贮藏性较好，果实常温下可贮存1个月，冷藏条件下可放4个月。其扦插育苗技术如下。

（1）采集插条。2月下旬至3月上旬，选择猕猴桃1~2年生枝条，截取长15~20 cm，20根一捆，存放在湿沙中保存备用。

（2）调配床土。为促进猕猴桃生根，插床土壤必须疏松、通气、排水、保墒良好。可选择锯末5份、河沙2份、园土1份调配床土。

（3）插条处理。扦插时，硬枝插条用1 000×10^{-6}萘乙酸（绿枝插条用500×10^{-6}萘乙酸），分别浸蘸10 s。

（4）插后管理。扦插后，在适宜的温度下，一般5~7 d

萌芽，8～10 d 展叶，并开始形成愈伤组织，出现第一次枝叶生长高峰期。这时，由于地下部无根，插条靠渗透吸水，但常因供水不足，会出现第一次死苗高峰期。因此，在管理上，应特别注意喷水、遮阴、降温，减少插条本身水分的蒸发；同时注意土壤排水通气，防止烂根。当地上部长出 8 片叶子时，随即转入停止生长期，地下部组织加速分化，愈伤组织缩小，出现小突起（根源体），逐渐生出不定根。当根量达一定数目、长度，能供给自身生长时，适当控制浇水，延长光照时间，提高幼叶光合能力，加速根系生长，并根据幼苗生长情况，追施 1～2 次极稀薄的人粪尿，或喷施 0.1%～0.2% 尿素液，以促使苗木健壮生长。

五十七、花椒树的育苗技术

花椒，落叶灌木或小乔木植物，既可孤植又可作防护刺篱。其果皮可作为调味料，并可提取芳香油，还可入药，种子可食用，可加工制作肥皂。其育苗技术如下。

1. 种子采集

要选结果实多，生长健壮，品质优良的中年树（10～12 年生）作采种母株。当 8 月中旬至 10 月上旬果实外皮全部呈紫红色，内种皮变为蓝黑色时即可采收。采种要在晴天中午进行，并用竹筐或柳条筐等通气良好的工具盛放，以免发热霉变。采收后放在通风良好的室内席上摊开，每天翻动几次，让其阴干，切忌日晒。待果皮裂开后，用木棍轻轻敲打脱出种子，用簸箕扬去果皮、杂质。

2. 种子处理

花椒种壳坚硬油质多，不透水，发芽比较困难，因此需要进行脱脂处理和贮藏。秋播时，将种子放于碱水中浸泡（10

kg 种子用碱面 0.5 kg，加水量以淹没种子为度），除去空秕子。浸泡 48 h 后，搓洗种皮油脂，捞出即可播种。如不进行秋播，可结合催芽进行贮藏，以利来年播种提早发芽。其方法如下：

（1）牛粪拌种：用新鲜牛粪 6 份与花椒种子 1 份，混合均匀，埋入深 30 ~ 35 cm 的坑内，盖土 8 ~ 10 cm，踏实后覆草，次年春季播种前取出，打碎后连同牛粪一起播种，或用温水泡开播种。

（2）小窖贮藏：选取土壤湿润、排水良好的地方，挖成小窖。口径 1 m，底径 30 ~ 35 cm，深 70 ~ 80 cm。把种子摊成 10 ~ 15 cm 的薄层后，覆土 8 ~ 10 cm，灌水，等水渗下后再盖一层 2 ~ 3 cm 的湿土，窖顶盖些杂草。第二年春季，种子膨胀、裂口，即可取出播种。

（3）土块干藏：用种子 1 份与牛粪、草木灰、黄土各 1 ~ 1.5 份，共同掺合均匀，加水使之湿润，做成泥饼状，放在阴凉、干燥、通风的窖内贮藏。这种方法的优点是，既可防止种子油分挥发，保持发芽力，又可防止种子过早萌发，灵活掌握种子贮藏与催芽时间。

3. 播种育苗

春秋两季均可播种。秋播可减少种子贮藏时间，同时发芽早、出苗齐。春播一般在春分前后进行。如用干藏种子，播前必须催芽。催芽方法主要有以下两种：

（1）开水烫种：将种子倒入容积为种子 2 倍的沸水中，搅拌 2 ~ 3 min 取出，每日用温水浸泡，经 3 ~ 4 d，如有少数种皮开裂，即可从水中取出，放温暖处，盖两层湿布，1 ~ 2 d 后有白芽突破种皮，即可播种。

（2）沙藏催芽：冬季将种子用 3 倍的湿沙混合，放在阴凉背风、排水良好的沟内，每 10 ~ 15 d 检查倒翻一次，在播前 15 ~ 20 d 移到向阳温暖处堆藏，堆高 30 ~ 40 cm，堆上盖以塑料薄膜或苇席等物，洒水保温，1 ~ 2 d 倒翻一次，萌动后即可播种。

花椒一般采用小畦育苗，进行开沟条播，每亩播种量一般 3 ~ 4 kg，如用未经水选或质量差的种子，可加大到 5 ~ 10 kg，行距 20 cm，覆土 1 cm，覆草保持苗床湿润，出苗后揭去。除小畦育苗外，还可采用大田条播培垄的方法，即冬播时，每隔 5 ~ 8 cm 开一条深 1 cm、宽 10 cm 的沟，沟底整平，种子均匀撒入沟内，播后将沟两边的土培于沟上，开春后每日检查种子发芽情况，如见少数种子裂口，即将覆土刮去一部分，保留 2 ~ 2.5 cm。过 5 ~ 7 d 后，种子大部分裂口，再第二次刮去覆土，剩下的覆土厚 1 cm 左右，这样苗很快就会出齐。如春播，种子经过催芽，播后 4 ~ 5 d 即去除部分覆土，剩余的覆土 0.9 cm 左右，这样 3 ~ 4 d 苗木出土，9 ~ 10 d 左右出齐。

4. 苗期管理

苗高 4 ~ 5 cm 时，分次间苗，每条播种沟实行对角定苗法，共留两行，株距 10 ~ 12 cm，结合间苗进行移苗补缺，每亩留苗 1.5 万 ~ 2 万株。苗木生长期间可于 6 ~ 7 月每亩分别施入人粪尿 300 ~ 400 kg 或化肥 10 ~ 12.5 kg，施肥结合灌水，施后及时中耕除草。花椒最怕涝，雨季到来时，要做好苗圃防涝工作。1 年生苗高 70 ~ 100 cm，可出圃栽植销售。

五十八、葡萄的育苗技术

葡萄属葡萄科植物，落叶藤本。葡萄果实不仅味美可口，而且营养价值很高，成熟的浆果中含糖量高达 10% ~ 30%，以葡萄糖为主，可被人体直接吸收。还含有矿物质钙、钾、磷、铁以及多种维生素和多种人体必需氨基酸。葡萄是当今世界上人们喜食的第二大果品，在全世界的果品生产中，其产量及栽培面积都位于第一位。葡萄的苗木每年市场需求很大。葡萄枝蔓生根容易，因此扦插繁殖苗木是林农主要的繁殖方法。其育苗技术如下。

1. 插条的采集

1～2 月，在葡萄休眠期，结合修剪采集种条。把修剪下的1～2年生的枝条剪成8～9节长作插条，按50～100根捆成一捆，插条须选用生长充实、无病害、节间短、髓部小、色浓深、芽眼肥大饱满的枝条（细弱或徒长的枝条，成活率低，幼苗发育不良，不要选用）。

2. 插条的贮藏

（1）窖藏法：采集插条后，切忌长时间暴晒或风干。为了防止插条失水过多而影响成活，应及时入窖贮藏。窖藏时，须注意防止发生霉烂、冻害和过分干燥，故窖内温度要保持在1℃左右，不可高于5℃或低于1℃；层积插条的沙土则以保持10%的湿度为宜。贮藏地点宜选在地势高燥、地下水位较低和背阴的地方。

（2）沟藏法：进行沟藏时，挖沟深1 m，宽1～1.5 m，长依插条多少而定，通常为10 m。贮藏前，先在沟底铺以河沙，厚8～10 cm，将插条倒置或横卧于沙上，一层插条，铺一层沙（厚10 cm），同时将沙填塞插条间的缝隙。通常在沟内插条2～3层，最上一层铺沙厚8～10 cm。沟顶用木干及秫秸等搭顶棚，高离最上一层沙面15～20 cm。棚顶覆土30～50 cm 以利防寒。最后在沟的一侧每隔2 m 左右，用成束的秫秸竖插于沟中，以便通气。

3. 插条的处理

扦插前，自窖内取出插条，选用切口鲜绿、芽眼完整的，留 3~5 芽剪断，上端剪口离芽眼 1 cm，下端剪成马蹄形，距芽眼 0.5 cm。剪口要平滑。剪后每百根捆成 1 束，置于清水中浸 12 h，使其充分吸水。临插前，再用 3~5 度石硫合剂浸 1~2 min 消毒。

4. 扦插的时期

在河南省的平顶山市、漯河市、许昌市等地区，3 月中、下旬扦插较好。

5. 枝条的扦插

（1）苗圃地整理。苗圃内育苗较就地扦插为佳，苗木集中而便于管理。在扦插前，要耕地深 25~40 cm，同时每亩施农家肥 3 500~5 000 kg，同时施入复合肥 50~100 kg。耕后将土耙平、整细。

（2）扦插枝条。扦插可分为畦插和垄插。畦插育苗，作畦宽 1~1.5 m，长 8~10 m；畦间作埂，埂高 8~10 cm，宽 20~25 cm，以便灌水和管理。插条可按行距 35~40 cm、株距 15~20 cm，斜插入土中，地面上露出顶端 1 芽，芽眼朝上。插后踏实，然后灌水。

当垄插育苗时，先要作垄，垄距 55~65 cm，高 12~16 cm。培垄后，于垄脊按 13~17 cm 的株距，将插条按畦插法扦插。插后，在垄沟内充分灌水，使水渗入插条处。行垄插的，因土温高，通气良好，根系发达，用于多雨的低洼地区更为有利。

6. 苗圃的管理

扦插后，春季要灌水、追肥、松土、锄草，以保证插条成活和幼苗健壮生长。春季灌水不宜过多，以防降低地温，不利发根。待插条长出 2～4 片叶并大量发根之时，可根据土壤湿度适当灌水，使土壤持水量保持在 60%～70%。在每次灌水后中耕，以利保墒。8 月中、下旬，停止灌水，以促使枝条成熟。在生长期间，追肥 1～2 次。追肥时期在 6 月下旬至 7 月上旬，前次追肥，可用人粪尿或硫酸铵为主，后次追肥，以过磷酸钙或草木灰为主。追肥量一般可亩施硫酸铵 5～8 kg，过磷酸钙 7～12 kg、草木灰 30～35 kg。

在幼苗生长期间，应注意防治病虫害。6～7 月为黑痘病发病期，每隔 10～15 d 喷 200 倍少量式波尔多液 1 次，共 2～3 次。若发生虎蛾幼虫等食叶害虫，可喷灭幼脲Ⅲ号 1 000 倍稀液除治。

当幼苗高达 30～40 cm，每株立 1 支 1～1.5 m 高的支柱，将新梢引缚其上，以免泥土粘污叶片，影响生长。此时，在幼苗生长期要摘除副梢，以利养分集中供应主梢生长。于 8 月下旬进行新梢摘心，使其生长充实健壮。

7. 苗木的出圃

10 月中旬落叶后，霜冻来临前，掘苗假植，准备栽植。掘苗时，要尽可能小心做到少伤根、主根长度应不少于 15～20 cm。也可于春季掘苗，做到随掘苗随栽植。

第三章　林果栽培技术

林果树的栽培管理是林木果树快速健壮生长和果树优质丰产的保障。只有正确科学地管理林果树木，才能不断提高林果树木的速生和提早结果的能力。本章主要介绍了林果树成活率高栽种的最佳时期，杨树和桃、杏、李等果树生长期的修剪等技术，以供参考。

五十九、林木果树栽植成活的最佳时期

栽植林木果树的最佳时期，通过实践观察，在 11 月下旬至第二年 3 月中下旬，即落叶后至次年萌芽前。这时期苗木处在休眠期，体内贮藏养分较多，蒸腾量很小，根系容易恢复，故栽后成活率较高。常言说："栽树无时，莫让树知。"

为确保苗木地上部开始生长之前，有充分时间进行根系伤口愈合，并长出新根，3 月中旬以前栽树最好。

常绿树如雪松、桂花，因冬季不落叶，蒸发量仍较大，可再延续到 6 月份栽植，栽后要加强肥、水管理，提高成活率。

六十、提高栽植林果树成活率的技术

栽树一大片，成活无几株，原因是栽大树挖小穴或栽后踩踏不实、墒情差、遇风即倒等。经多年试验，我们总

结出提高植树成活率的技术如下。

1. 挖合格树穴

规划好的林场或果园，挖树穴的规格一般长、宽、高为 80 cm×80 cm×80 cm 或 100 cm×100 cm×100 cm；在土壤瘠薄或沙石过多的地方，可增到 1.5 m×1.5 m×1.5 m；土壤肥沃、疏松的地方，可缩小至 60 cm×60 cm×60 cm。树穴，最好在上一年的秋季或栽植前 10~15 d 挖好，挖穴时表土和底土分开堆放。

2. 修剪苗木根系

栽前要修整苗木根系，主要是对所购苗木的根部整剪，剪去劈伤、干枯、发霉、病虫危害部分，以利于栽后促发新根。从外地运来的苗木，若根系干燥，要先进行假植、灌水，让苗木根系在水中浸泡 12~24 h 充分吸水。栽植前还要将根系充分蘸上稀泥浆，以防止风干，提高造林成活率。

3. 栽植苗木

栽植时，先把表土拌以有机肥（一般每穴施熟农家肥 15~20 kg），填入坑中，随填随踏实，到距地面 20~30 cm 时为止，并使中间呈馒头状。然后把根系平展放在穴内，第一次填土后，稍提一下树苗，让土壤进入根系各个缝隙，再踏实，随踏随填，直到填满为止。定植后及时浇水，促使根系和土壤密接。

封土后，苗木根茎稍高于地平面。经过灌水，土壤下沉，应和地面相平。栽植过深，往往造成闷芽，生长不旺。栽植矮化砧苗时，接合部必须高出地面，防止接穗与土壤接触生根，失去矮化作用。

六十一、林场果园的选址技术

无论是在平原或山区，只要有适当的温度、足够的阳光、充足的水分、流通的空气、必备的矿物质营养，都可以栽种林木或果树。平原土层肥厚，有利于果树生长，管理也方便；山区阳光充足、排水良好、空气通畅，对果树生产更有利，而且果实着色好、含糖量高。具体选择园址时，要从以下几个方面考虑。

1. 考虑离城镇较近的地方

离城镇较近的地方，便于管理、便于采收、便于销售。另外，有些需水多的果树（如葡萄），要选择方便灌溉的地方建园。

2. 考虑选择背风向阳、光照充足的地方

选择在背风向阳的山坡和有树林防护的地方建园，有利于林木果树生长和开花结果。相反，在风口处建园，易受风害；在郁闭的谷底、凹地建园，冷空气易沉积，春季易遭冻害，不易结果（如杏树若遭遇倒春寒，果树会绝收或减产）。

3. 山区考虑选择山体南坡的地方

在山坡地建园，最好选择南坡、东坡或东南坡。林木果树应栽植在山坡中下部、土层深厚的地段，这样光照充足，有利于结果。

4. 平原考虑选择排水良好的地方

在平原地区，不要选择低洼地建园，这里易受水淹；地面积水超过 1.5 m 以上的地方，易引起内涝，不适宜选作园址，特别不能栽种怕淹的桃、杏、樱桃等果树。

5. 庭院考虑选择无遮光的地方

在庭院内栽植果树，要避开高大的建筑物及高大的乔木，以免影响果树光照，不利于开花结果。

6. 基地要考虑运输、销售的方便

果园面积较大，在建园时必须考虑到将来果品的运输、销售、贮藏与加工等问题，以免腐烂受损。

六十二、选购优质林果树苗的技术

林木果树苗木的好坏或真假直接影响着日后的经济效益，所以在选购林果树苗时，一定要科学选购优质林果树苗，要做到6看。

1. 看苗木的来源

一定要在信得过的苗圃采购所需要的苗木种类和品种，并且要签订合同，如有问题可以追赔。

2. 看苗木的根系

苗木根系要发达、完整，侧根和须根要多些，最少要有3条以上均匀分布的粗壮侧根，根径在0.3~0.6 cm为佳。同时闻一闻根部，有新鲜的泥土味，说明是新近起的苗木。

3. 看苗木的干部

一、二级林果苗木干高为1 m左右，杨树苗干高为3 m以上，树干表皮无皱而且新鲜，嫁接口以上2 cm处粗度为0.8 cm左右。

4. 看苗木的芽子

在嫁接口以上40~90 cm整形带内有6~8个饱满的叶芽，以便日后萌发出好枝条，使林果树日后快速生长成型。

5. 看苗木的接口

嫁接苗接口处要完全愈合，愈合不好的苗木在运输和栽植时易被风吹折断，不宜选栽。

6. 看有无病虫害

异地购苗时，要到售苗地林业主管部门对苗木进行抽样检疫，无检疫对象时，才能购苗调运，确保所购苗木安全、健壮、优质，切忌调运带有检疫对象的苗木。

六十三、林木果树秋季施基肥的技术

林木果树每年春季萌芽，开花和枝叶的生长，主要是消耗树体内上一年贮藏的营养物质（养分），若上一年树体内贮藏的营养物质丰富，就可提高当年花芽的质量（花芽饱满）和坐果率，枝叶生长健壮，同时还能增强树体抗病虫危害及越冬抗寒的能力。否则，树势衰弱、花芽瘦小，抗寒、抗旱、抗病虫害等能力就较差，当年春季形成满树花，秋季半树果实或果实无几。为此，上年的营养贮备在基肥，林果树基肥很重要，基肥秋施最为关键。其秋施基肥的技术如下。

1. 林果树施基肥为什么要在秋季

秋季（8月上旬至9月下旬）气温高、雨水多、土壤湿度大、地温高，此期及时给林果树施用肥料，肥料在土壤中分解快，肥效时间长，树木易吸收；同时秋季正值林果树根系进入一年中的第二次生长高峰期，在给林果树施肥误伤的根系易愈合伤口；在施肥时不小心切断一些细小根，施肥后可促其根部发生新根，起到疏根和促发根系的作用；另外树木基肥秋施，使肥料在土壤内很快分解被根系吸收与利用，制造充足的营养物质贮存于树体内，既可增强树势，又能促使当年叶芽、花芽形成饱满，来年春季林果树萌芽、开花整齐一致，果实成熟期统一，从而提高林果树的坐果率，达到提高果实产量、质量的目的。

2. 林果树基肥秋施能提高产量和品质

林果树基肥秋施，在同样的土壤和水以及病虫害防治管理的条件下，施入同种同量的肥料，基肥秋施比春施（春季施基肥因早春地温相对较低、湿度小、肥效发挥慢，不能及时供给树体萌芽、开花、结果的生长需要）可提高坐果率10%以上，每亩平均增产20%～30%，同时，果实匀称、着色鲜艳、品质提高显著。

3. 林果树基肥秋施的最佳技术

在林场或果园内一般采用环状沟施肥方法，即在树冠外围稍远的地方或树冠垂直投影的外围，挖沟深40～60 cm、宽20～30 cm，长根据树冠大小而定，总之绕冠幅一周。挖沟时注意避免伤及大根，若遇3 cm以上的大根不要切断，应绕过去；大根若被切断应及时对伤口涂一些多菌灵药液进行保护。环状沟挖好后，将有机肥为主的肥料施入沟内，施肥量为每亩6 000～8 000 kg。这些有机肥一定要预先腐熟彻底才能施用，没有经过腐熟的有机肥料易产生蛴螬等地下害虫，危害根系或地下根系。施肥后若墒情差时可浇水灌溉，能加快肥料分解，促进吸收。

六十四、落叶果树秋季开花的原因及防治技术

落叶果树秋季开花是无效花，不但影响当年的果树生长，而且会造成果树第二年低产或绝收，通过试验研究，

其原因及防治技术如下。

1. 落叶果树秋季开花的主要树种

秋季二次开花的主要受害树种有苹果、梨、山楂、李、杏、木瓜等落叶果树。

2. 落叶果树秋季开花的主要特征

落叶果树正常开花时间为 3 ~ 4 月，而在 9 月中下旬至 10 月上旬进行秋季开花，这种一年有二度开花的现象称果树二次开花，果农又俗称"倒开花"。调查表明，秋季二次开花时的主要特征表现为树冠上枝叶残缺不全或整株无叶，树下虫粪、枯枝落叶满地或杂草丛生，却花开枝梢如春景一般。

3. 落叶果树秋季开花的主要原因

（1）虫害造成的原因。果树遭受害虫危害后，果树叶片残缺不全或全无，呈夏树冬景状。但是，此期受害的果树正值生长盛期，花芽在 6 ~ 8 月正在形成或已基本形成，到 9 月下旬至 10 月上旬，遇到如春天适宜的温度，就会出现二次开花的现象。主要危害果树叶片的害虫是苹掌舟蛾、铜绿金龟子。

①苹掌舟蛾（*Phalera flavescens* Bremer Grey）的危害。

苹掌舟蛾，又名苹果舟形毛虫，属鳞翅目、舟蛾科。一般 1 年 1 代，其幼虫主要危害果树叶片，幼龄幼虫群集叶面啃食叶肉，受害后的叶片仅剩表皮和叶脉，或呈网状，幼虫稍大即能咬食全叶，致使叶片仅留下叶柄；严重时，幼虫常把整株树叶片全部吃光，呈夏树冬景状。幼虫危害特点是早晚及夜间取食，白天不活动。白天静止时，群集一起的幼虫沿叶缘整齐排列，当受到惊吓后，头、尾上翘形似小舟，当受惊动大时即吐丝下垂。7月下旬至9月上旬为其危害期，9月下旬化蛹入土越冬。

②铜绿金龟子（*Anomala corpulenta* Motschulsky）的危害。

铜绿金龟子，属鞘翅目、金龟子科，又名铜绿丽金龟，果农俗称"牧户虫"，一般1年1代，以成虫聚集危害叶片。成虫多在下午6时至7时飞出进行嬉戏交尾产卵活动，下午8时以后开始危害叶片，直至第二天凌晨3时至4时飞离果树重新入土中潜伏；喜欢栖息在疏松、潮湿的土壤里，潜入的深度为5~7 cm；具有较强趋光性，还具有较强的假死习性。危害严重的时期为6~8月。危害轻时，致使果树叶片残缺不全，千疮百孔；严重时，导致果树整株叶片全无，仅留下叶柄或枝干。

（2）管理粗放的原因。苹果、梨、李、杏等落叶果树主要种植在山岗、丘陵、河道、岸边、荒山等地方，这些地区种植条件差，环境恶劣，倘若果农管理不善，果树基肥、追肥、浇水不足或不均匀，就容易造成果树病虫危害严重、树势衰弱、营养不良等，使春季开花量少延迟到秋季开花，或因幼果营养不良提早落果，当年形成的发芽在秋季开花。表现为果树早期叶片发黄缓慢脱落，春季花开无几，致使当年花芽形成早，再加上深秋适宜的温度和外界环境，花芽受到刺激，于是就形成了果树一年内的第二次开花现象。二次开花只能消耗树体内的养分，是不能结实的，并且又影响到第二年的开花结果及树木健壮生长。

（3）干旱高温的原因。果树种植的浅山、丘陵地带，一般土壤薄、沙石多、抗旱能力差，进入秋季（8月上中旬至 9 月下旬）后，正值气温高、干旱的时期，果树叶片因失水或诱发锈病而大量脱落，而果树花芽、叶芽在 6 ~ 8 月已基本形成，此时较高的温度给花芽提供了适宜的条件，就造成果树秋季二次开花，开花后的果树随气温的降低，无法正常形成果实，同时浪费了大量树体营养，给果树体内贮藏养分造成大量的消耗，致使树体抗寒越冬能力差，冬季易形成严重病害、冻害，尤其是对第二年的生长和结果造成很严重的影响和危害，甚至第三年果树的生长、产量也将受到伤害。

4. 落叶果树秋季开花的防治技术

（1）防治病虫的危害。防治病虫害，可减少叶片的脱落，既能提高果树的光合作用，又可防止果树秋季二次开花现象的发生。及时防治病虫害，可减少或阻止果树早期落叶，促进叶片正常生长，提高叶片的光合作用，增加树体的养分贮备，为第二年春季开花提供足够准备。

树干涂白防治：1 ~ 2 月，用水 10 份、生石灰 3 份、石硫合剂原液 0.5 份、食盐 0.5 份、油脂（动植物油均可）0.5 份，放入大容器中搅拌均匀，制成石灰液，对树干涂白。涂白时用刷子均匀地把药剂刷在主干和主枝的基部，这样可杀死在树干皮缝内越冬的虫、卵、蛹及病菌等，以减少对来年的危害。

冬季清扫果园防治：在 11 月上旬至翌年 2 月下旬对果园及时进行冬季清扫，把果园内的杂草、落叶、落果、枯枝集中运出烧毁或深埋，可杀灭多种在杂物中越冬病虫害的卵、虫等，减少来年的病虫害发生。

深翻树盘防治：12 月至翌年 1 月及时深翻果园内的土

壤，通过翻土可改变苹掌舟蛾的蛹或铜绿金龟子幼虫等其他害虫在土壤中的越冬环境，致使其冻死、被鸟食或被人工杀死，减少第二年生长期的危害。

萌芽前喷药防治：1~3月在果树萌芽前对树冠喷布一次3~5度石硫合剂，可杀死附在树体上越冬的病菌和其他越冬害虫，减少生长期的病虫害发生。

虫害期喷药防治：对苹掌舟蛾幼虫，可根据群集危害受惊吐丝下垂的习性，剪除有幼虫的叶片或群栖的枝叶，立即人工踏死消灭。或用50%敌敌畏1 000倍液或25%灭幼脲悬浮剂1 500~2 500倍液灭杀。苹掌舟蛾成虫可根据其趋光性用黑光杀虫灯诱杀成虫，以减少成虫和幼虫危害。对铜绿金龟子成虫在危害盛期，每隔7~10 d对叶片喷一次农药，连喷2~3次，可杀灭成虫；还可根据铜绿金龟子成虫的假死性，在傍晚进行振树，收集成虫人工捕杀；也可根据其趋光性用黑光灯诱杀。

（2）秋季及时施入基肥。8月下旬至9月底及时给果树施入基肥，可增加树体冬季养分的贮备量、提高坐果率，防止翌年秋季二次开花。果树第二年的开花、结果、生长全靠上一年的养分积累，而上一年的养分积累在基肥。基肥施入量，4年生以上果树每株应施80~100 kg的农家腐熟肥料，施肥应在树冠投影下，环绕树冠一周开挖深30~40 cm、宽20~25 cm的施肥沟，肥料施入后覆土填平即可。试验证明，在同等管理条件下，秋季施入基肥比春季施入基肥，果树产量可提高10%以上。

（3）果树冬季科学修剪。冬季果树修剪的目的是均衡树势，促进果树正常生长结果。修剪时应从树冠由上而下修剪，先修剪掉并生枝、下垂枝、病虫危害枝。再短截直立枝、延长枝，后疏除掉一些多余的主侧枝，从而改善通风透光条件，减少无用的消耗，集中养分贮藏于树体内为第二年开花结果提供足够的养分。同时可改善树冠来年的通风透光能力，减少病虫害的发生，减少二次开花概率。

六十五、林木果树的大树移栽技术

林木果树大树移栽是园林、园艺造景经常使用的方法，大树成本较高，移栽时应特别注意移栽技术。提高大树成活率的主要技术如下。

1. 提早施肥、带土球

挖植大树，大树移栽是园林绿化、庭院栽植树木的一种手法。移栽前大树的骨干根，已截断受到伤害，失去吸收能力。为增生吸收根，提高移栽成活率，应在上年的8～9月，距根颈50～70 cm处，挖20～30 cm宽、60～70 cm深、向内倾斜的圆形沟槽，施入基肥，促发新根。第二年移栽时，在施肥圈外，带土团移栽（为防止散土，可用草绳缠绕）。栽入定植穴后，土团周围填满土，浇透水并用三脚架固定，防止树冠偏斜。

2. 修剪根系

大树移栽，伤根较多，吸收功能恢复较慢，为保持根与地上部的平衡，防止蒸腾过烈，失水过速，引起抽干死亡，需对地上部分进行修剪，其修剪程度依根系保存完好情况和树龄而定。对放任生长的果树，可结合剪枝进行整形。大树本身贮备养分较充足，重剪后，萌芽力强，须及时抹芽，减少养分消耗，从而提高成活率。

六十六、新建果园不能混栽果树的技术

在建立果园时，为了增加果园早期收入，或达到分期采果的目的，有人常把进入结果期早的与晚的、果实成熟期早的与晚的不同树种，混植在一个果园里，其混植的形式一般为隔行或隔株。这种愿望与出发点是好的，但是，由于各树种间的生长速度不同而引起的争水、争肥、争光矛盾，病虫害互相侵染以及树种间分泌物的相互毒害，反而出现事与愿违的效果。

梨树与苹果树混栽，锈果病也会明显加重。核桃树与其他果树混栽，由于核桃的根和叶能分泌一种胡桃醌的物质，在土壤中随水流到其他果树根部，哪怕只有 10 mg/kg 浓度，也会引起苹果根细胞质壁分离，发生毒害，致使生根不良。此外，果树混栽后，由于各种果树的需肥、需水时期不同，也会给果园管理带来一定困难。

因此，为使管理方便、果园丰产，各种果树必须分区域种植，在一个小区域内，只允许同种果树中的早、晚熟品种搭配。

六十七、林木果树种子层积的技术

1. 林木果树种子层积的作用

一般落叶树的种子采集后，即使给予适宜的发芽条件也很难发芽，这种现象称为种子的自然休眠。休眠的种子需要在一定的低温（1～7 ℃）、湿润和通气条件下，缓慢吸水，在酶的参与下，把复杂的有机物质转变为简单的有机物质，逐步完成后熟过程，才能具有发芽力。秋播的种

子是在田间自然条件下，完成后熟作用；春播的种子须经人工层积贮藏完成后熟作用后，才能达到出苗一致整齐。

2. 林木果树种子层积场所的选择

须选地势高燥、排水良好、通风阴凉的地方，按1份种子与8～20份湿沙的比例进行混合（小粒种子5～8倍沙，大粒种子15～20倍沙），或把两者层层堆积。沙的湿度以手握成团、触之即散为度。

3. 林木果树种子的层积技术

（1）地面层积法。在地面上先平摊6 cm厚湿沙，然后平摊1～2 cm厚种子，再平摊6 cm厚湿沙，如此反复进行，堆成馒头形，最后再在上面盖上一层湿沙并蒙一层塑料布，防止水分散失。其堆藏厚度不宜超过50 cm，过厚不能保持均匀的温、湿度和良好的通气条件。在层积堆周围掘一环沟，以利排水。此法适于冬季不太寒冷的地区。

（2）挖沟层积法。在地面挖一条深60～80 cm、宽1 m左右的沟，沟底铺10 cm厚湿沙，然后将湿沙和种子按一定比例混合或分层放入沟内；当离地面20 cm时，再盖湿沙与沟口相平；最上面覆盖20～30 cm厚的细土并呈鱼脊形，防止雨水流入沟内。这种方法适用于冬季比较严寒的地区。

（3）少量种子层积法。层积种子量少时，可将种子和湿沙混合后，装入花盆或木箱内，放进60～80 cm深的土坑内。土坑四周大于花盆和木箱，以利通气；下部垫砖以防积水；坑口盖草帘和塑料薄膜，保温、保湿、防雨、挡雪。

（4）种子层积中的检查。在种子沙藏期间注意经常检查，防止种子霉烂、干燥和鼠咬。

（5）种子层积的时间。层积处理的开始时期，可根据各树种需要的层积天数和当地春播的时期向前推算。层积时间过短和过长，都会降低发芽率。主要林木果树种子的层积天数分别是：

湖北海棠	层积天数 30 d	猕猴桃	层积天数 50~60 d
山 定 子	层积天数 30~50 d	秋子梨	层积天数 50~60 d
莱芜海棠	层积天数 40 d	西洋梨	层积天数 90 d
八棱海棠	层积天数 40~60 d	毛桃	层积天数 70~90 d
三叶海棠	层积天数 20 d	杏	层积天数 80~100 d
海棠果	层积天数 60~80 d	核桃、山桃	层积天数 60~90 d
沙 果	层积天数 60~80 d	软枣	层积天数 90 d
甜 茶	层积天数 30 d	酸枣	层积天数 80 d
苹 果	层积天数 50~60 d	板栗	层积天数 90~110 d
杜 梨	层积天数 50~60 d	山楂	层积天数 240 d

六十八、林果树栽植成活的最佳时期

林果树的栽植期为每年的 11 月至第二年的 3 月，成活率最佳时期为冬季（11 月至翌年 1 月），因为冬季栽后树苗休眠，但根在地下生长，同时秋季雨雪多墒情好，根可适应栽后的新环境，为第二年发芽打下基础。而春季栽树天气干旱、风大墒情差，成活率不如冬季高。

果园地选择时要因地选树，适树适地。如杏树选址建园，重要的是防止早春寒流侵袭和花期霜冻，因此要选择背风向阳的斜坡上部，避免在盆地，密闭的槽形谷地、山谷的底部和寒风口等处建杏园。

六十九、果树的环剥技术

环剥，是林木果树或栽培中应用较普遍的一种外伤手术型修剪技术，可提高果树的产量。

1. 环剥的树种

苹果、梨等仁果类果树，结果较晚，愈合力较强，环剥后效果明显。桃、杏、李等核果类果树，本身具备早实性，且环剥易引起流胶病，不宜进行。核桃、柿、板栗等含单宁物质较多的树种，剥后在伤口表面易形成褐色坏死层，也不宜使用。

2. 环剥的时期

对适宜环剥的果树，为促进成花，应在花芽分化前进行。如苹果、梨的花芽分化期大约在 6 月上旬，环剥最好在 5 月中下旬花芽分化前进行。环剥过早，伤口提前愈合，起不到截流的效果；环剥过晚，花芽分化期已过，效果不明显。苹果、梨的花期在 4 月 10 日左右，环剥不能迟于 4月上、中旬。

3. 环剥的技术

对生长过旺的幼树，为提早结果，在主干上进行环剥时，多采用两个半圆环交错环剥的方法（两个圆环之间相隔 5～10 cm）或螺旋状环剥，以减少环剥的副作用。对旺长不结果的大树，一般在大枝基部以上 10～15 cm 处环剥，宽度约为该枝粗度的 1/10 或 1/8。生长强壮的直立枝和阴面枝，剥口可适当宽些。在同一株树上，环剥的部位不易过多，以免影响根系生长，削弱树势。环剥技术只有结合肥、水管理，才能充分发挥其作用。

七十、旺长不结果果树的修剪技术

一些果树枝繁叶茂、干直、开花不结果，主侧枝角度过小或辅养枝过多、过大，幼树旺长而延迟结果。以上几类果树，要及时进行修剪管理。其修剪技术如下。

1. 开张枝干的角度

由于主、侧枝角度过小而引起的幼旺树，可通过里芽外蹬，留枝外引，以果压枝或采用撑、拉等措施，来开张分枝角度，抑制旺长，待树势缓和稳定后，再逐步进行调整；若主、侧枝较粗，开张角度有困难时，可采用背后枝换头或以侧代主的方法；若基部三主枝角度过小，又不宜开张时，则进行落头开心，并借用主枝上的向内枝，填补冠内空间。

2. 以疏缓修剪为主

由于剪截过重、发枝过多引起的旺树，应在疏枝的基础上，进行轻剪缓放。先对严重影响光照，妨碍主、侧枝生长的大枝从基部疏去，再对留下的枝采取拿枝、圈枝、扭枝、环剥等技术进行处理，促使早成花结果，逐步培养成结果枝组。

3. 控制辅养枝旺长

当辅养枝过多、过大，影响到骨干枝的正常生长时，应及时疏去外部旺枝、直立枝和徒长枝及对光照影响最大的枝。如果应疏的枝量过多，为不削弱树势可逐年进行。疏后对留下的枝条一般不再短截，以减少跑条，促使分枝，形成花芽，视其空间大小，逐步改造各类枝组。清理内膛枝，以疏弱、间密为主。回缩旺枝，最好在成花较多或加粗生长较大的年份进行。

七十一、果树冬季抽条现象发生的原因及防治技术

北方果树进入冬季，抽条现象比较普遍发生，轻者枝

条自上而下皱缩干枯，重者整株枯死。

1. 抽条现象发生的主要原因

（1）土壤的因素。由于冬季土壤结冰根系吸水困难。特别是早春气候干旱、风速大、树冠蒸腾强烈，而土壤尚未解冻，根系不能正常吸收水分，以致地下部吸水和地上部需水失调，发生抽条。

（2）根系的因素。幼树由于根系发育不良，分布较浅，冬春季吸收不到足够的水分来弥补蒸腾失水，抽条现象比较严重；成龄果树可从土壤冻结层以下吸水，一般抽条较轻。生长过旺和过弱的树，两者的蒸腾量都强，受害严重。矮化砧根系浅，生长弱，抽条严重。

（3）品种的因素。苹果和核桃抽条较重，其他果树较轻。同一树种的不同品种也有很大区别。苹果中的红魁、黄魁发生较少；国光、青香蕉次之；金冠最多。

（4）肥料与雨水的因素。生产期施氮过多或秋季雨量过大，枝条徒长、早期落叶、过度干旱等，造成根系发育不良，也能加重抽条。

2. 果树冬季抽条现象的防治

（1）修筑土埂。在树干的北侧 25～30 cm 处，修筑高 55～60 cm、长 1.2 m 的土埂，创造一个背风向阳的小环境，提高地温，缩短土壤冻结时间，可促进根系早活动，多吸收水分，消除不良影响。

（2）冬季修剪。剪去蒸腾量大的秋梢和副梢，使保留下来的枝条得到较多的水分。伤口涂保护剂，减少水分散失。

（3）早春灌水。及时给根系补充水分。同时，为防止浇水后土温下降，还应及时进行松土。

（4）加强管理，促进春梢生长。后期适当控制浇水，少施氮肥；雨后抓紧时间中耕，加速枝条成熟。对8～9月间继续生长的新梢进行摘心，有助于枝条健壮、木质老化、有机物质积累，防止抽条。

因为这时贮备营养的水平较高，回缩后成枝较壮。

七十二、果树大小年的修剪技术

果树生长期发生大小年，即一年产量高，一年产量低现象，是果园常见现象，通过科学管理是可控制的。

1. 大年修剪技术

大年果树修剪的目的是控制花芽量增加，即修剪时尽量剪去并生花芽或弱生花芽减少花芽量。

（1）果枝和枝组。在保证当年产量的前提下，对中、长果枝多打头，截掉腋花芽，缩剪或疏除多年生弱枝组和弱花芽，以节省养分消耗，促进花芽形成，提高下年产量。

（2）营养枝（即没有花芽的枝）。以轻剪、少截、多疏为主，可减缓长势，积累养分，促其形成较多的花芽，减轻小年时的损失程度。

（3）疏花疏果。开春以后，能明显辨别花芽、叶芽时，再进行修剪，花芽、叶芽比例一般为1：3左右。疏果在大量生理落果后（即落花后4周）进行。

2. 小年修剪技术

小年果树修剪的作用是增加花芽量，即修剪时尽量少剪花芽。

（1）果枝及枝组。小年果树应尽量保留花芽，提高坐果率，增大果个，使小年不小。一般果枝全部保留，对弱树和弱枝组，进行强回缩更新，以减少花芽的形成，调节下年产量。

（2）营养枝。适当多重截、少缓放，促进生长，恢复树势，防止形成过多的花芽，减少来年结果量。

（3）喷布激素。如喷布 GA（赤霉素）等，可减少花芽分化，从而提高坐果率和产量。

七十三、林木果实为什么要适时采收

果实进入成熟期，要适时采收的果实，果个已不再增长，果面披有较厚的蜡粉，已充分显现该品种固有的色泽，内含物丰富，果香浓郁，一般适宜鲜食、贮藏和加工。而过早采收的果实，不仅风味差，各种养分含量低，而且还会造成减产和贮藏中大量失水。

但是，有些果实必须早采，柿子晚采果肉变软，不耐贮藏；有些果实如苹果、柑橘等，虽然可以适当晚采，但易受风、虫等自然灾害，消耗树体养分多，影响第二年的开花结果、生长发育。

七十四、林木果实采收的技术

科学采收林木果实，可以提高果实的质量，便于包装、运输与销售，提高经济效益，主要技术方法如下。

1. 防止机械伤害

机械伤害主要有刺伤、碰伤、擦伤和压伤等。即使肉眼看不见的小伤，也会使病菌侵入，引起果实腐烂。因此，采果人员要轻拿轻放，最好带手套采收，果筐内壁衬蒲包；

采收时应从树冠的下方向上、从外向内，有顺序地进行科学采收。

2. 防止成熟期不一致的果品一起采收

成熟期不一致的品种或树种，要分期分批采收，使全部产品的成熟度与质量均达到要求，从而提高果实的经济效益。

3. 防止乱采果实

果柄与果枝容易分离的仁果类和核果类果树，可直接用手采；果柄与果枝结合牢固的果树如葡萄、柿、柑橘、枇杷等，用剪刀剪取；板栗、核桃等食用部分为核仁，果实外部有果肉或果壳作保护，可用木杆打落。

4. 防止坏天气情况下采收果实

采果不宜在降雨、有雾或露水未干时进行，以免果面因水而感染病菌，降低果品质量，减少收益。

七十五、板栗树生长结果的特性与修剪技术

板栗树，壳斗科，属落叶乔木果树。其抗旱、抗涝、耐瘠薄，果实营养丰富，受人喜爱，是山区林农依靠发展板栗致富的主要经济林树种。板栗树经过科学修剪管理，产量高、丰收丰产。其板栗树生长结果的特性与修剪技术如下。

1. 板栗树生长结果的特性

板栗树属乔木树种，喜光照；若光照不良，结果部位极易外移，导致产量低、效益差。板栗树的芽有叶芽、完全混合芽、不完全混合芽和副芽 4 种。叶芽只能抽生发育枝和纤细枝；完全混合芽能抽生带有雄花和雌花的结果枝；

不完全混合芽仅能抽生带有雄花花序的雄花枝；副芽在枝条基部，一般不萌发，成为隐芽状态存在。而形成完全混合芽的当年生枝称为结果母枝。板栗树的强壮结果母枝，长度在 13~16 cm，较粗壮，枝的上部着生 3~5 个完全混合芽，结果能力最强。抽生出结果枝结果后，结果枝又可连续形成混合芽。这种结果母枝产量高易丰产。弱结果母枝长度 8~12 cm，生长较细，只能在顶部抽生 1~3 个结果枝，而且结果枝从结果部位处骤然细瘦，尾枝短不能再形成完全混合芽。其饱满的混合芽着生在枝的下部。下一年由结果母枝的下部抽生结果枝、雄花枝和发育枝，而母枝的上部自然干枯。这种特点有利于控制结果部位的外移。板栗树的一年生枝，大都是芽内已分化完成的雏梢，因此除幼旺树或徒长枝外，多数为一次性生长，所以中上部芽眼饱满，而下部为弱芽。顶端优势明显，枝条的萌芽力较强而成枝力较弱。其易分枝，顶枝呈双叉三叉式长枝，下部则为平行的小短枝。树势弱时，弱枝着生在 2 年生枝的顶端，不结果。认识了板栗树的特性，就知道如何科学管理。

2. 板栗树的修剪技术

板栗树的修剪主要是冬季进行。板栗树的树形较多，在河南省南部地区主要采取自然生长的多主枝半圆树形。这种树形没有中心干，通常自主枝上分生 2~4 个大主枝，以 40°~45°角向上生长。主枝上着生侧枝，但多不规则着生，开张角度 45°~65°不等，向空间处延伸，成型后为大半圆状。这种树形经疏除过密的枝梢，控制粗壮枝和放松中庸枝等调整，是当前板栗树最常用的丰产树形。

（1）板栗树幼树的修剪：多采用疏层形整形修枝，干高70~80 cm，在平原、河滩地，干高些；在山地，密植园，干可矮些。具有中心干，中心干上着生全枝47个，分成2~4层。全树的主枝排列方式为三、二、一，1~2层间距1 m左右。第二、三层间距55~65 cm，三、四层间距45~50 cm。侧枝20~25个，第一层主枝的侧枝一般距干35~65 cm处选定，第二侧枝与第一侧枝错落着生，相距45~55 cm。最后选留第三侧枝或第四侧枝即可。同时，板栗树幼树顶端延长枝易形成二叉枝，为避免生成过多的骨干枝。选一枝作延长枝。疏除竞争枝。主枝上，选留出侧枝后，无用的小枝应全部疏除，以集中营养发育枝头。同时注意开张骨干枝的角度，剪除一些内向枝、徒长枝，培养向外生长的枝，扩大枝冠，圆满树形。

（2）板栗结果树的修剪：树势旺时，可适当多留树冠中后部的枝，一可以分散先端的枝势，二可培育成后部的结果部位，防止结果表面化。当树势转弱时，疏除过多过熟的纤细枝，以集中养分，保证先端形成优良结果母枝。在手法运用上主要以疏除为主，配合合理的短截，以促生优良结果母枝，防止内膛光秃。为减缓结果部位外移，在结果母枝过多的年份，短截部分结果母枝，调节结果量；短截部分雄花枝和徒长枝，可以促使生成结果母枝，提早结果。

（3）板栗衰弱树的修剪：当树势衰弱、枝头由强梢转弱时，在2~4年生的枝段上，选留、培育徒长枝，以备更新。栗树进行更新的要求是以不降低产量为前提。当更新枝的产量、枝展，超过或接近原头时进行，更新回缩时要留辅状枝，即在更新枝前留一枝桩，以免因伤口过近而使更新枝变弱，甚至枯死。一株成年大树的枝衰老有先有后，可采收放缩结合、轮换更新的方法。当板栗树已严重枯老、焦梢时，可在大枝的中下部人工锯除枝冠，激发徒长枝，培养后重新圆满树冠，完成树体大更新，让其再次发挥最好的经济效益。

七十六、石榴树生长结果的特性与修剪技术

石榴果树，小乔木。其花色鲜艳，果实艳丽，籽粒晶莹，结果早，经济年限较长，一般可达 80～100 年。是人们庭园和林农建立果园喜爱的果树。

1. 石榴树生长结果的特性

石榴树枝梢细长，叶一般为对生，徒长枝的先端有叶轮生的现象。腋芽着生于叶腋间。只要有腋芽的新梢，即 5～10 cm 的短枝或 80～120 cm 的长枝，先端生长成针状，没有顶芽。簇生状的枝没有明显的腋芽，但是有一个顶芽。簇生状的短枝，当年营养丰富、无病虫害，顶芽即成为混合芽，次年抽生结果枝；当年若是营养不良，病虫害严重，顶芽只为叶芽。顶芽受到刺激后，抽发长枝，不能结果。因此，石榴树的枝可分为极短枝（并着生顶芽）、短枝、生长枝和徒长枝四类。徒长枝生长特别旺盛，一年中不停长，随着伸长，自徒长枝的中、上部各节抽生二次枝。二次枝旺盛又可抽生三次枝。这些二、三次分枝角度大，长势一般不强，或成为极短枝。发育早的二次枝，有的当年即形成混合芽，第二年即能抽枝开花。混合芽的形成一般在停止生长早的春季一次生长枝和 3 月上旬生的二次枝的顶芽

（极短枝）或腋芽（稍长枝）上。混合芽抽生短小的结果枝，一般着生花 1 ~ 7 个，其中一个顶生花，其余为腋生花。顶生花结果好。结果枝先端结果后，不能向前伸展，第二年再自其下部抽生长枝和结果枝，使其年年丰产丰收。

2. 石榴树的整形修剪技术

石榴树的干性不强，多采用开心形和多干自然半圆形，或为小冠疏层形。

（1）开心形的整形修剪方法。幼苗定干 35 ~ 70 cm。发出新梢后，保留 3 ~ 5 个强壮枝条作为主枝，多余枝疏除。主枝开张角度在 30° ~ 40°。主枝生长不均衡，可对旺枝在长到 35 ~ 45 cm 时摘心控制。冬剪时，各主枝均短截 1/3 左右。第二年春天，各主枝剪口下抽生枝后，选择角度大的枝条作为第一侧枝，其后逐年选留第二侧枝、第三侧枝。对其余枝条密疏稀留，去强留弱，辅养树体。侧枝开张角度在 45° ~ 60°。3 ~ 5 年树形大致已成。一般树高控制在 2.5 ~ 3.5 m（行株距为 4 m × 3 m）。注意培养空缺处生枝，以增加结果部位。对扰乱树形的横向、内生、交叉生长的枝条以及徒长枝，进行及时的控制或疏除。发育枝和辅养枝引向空间处生长，石榴矮干开心形成后，修剪后不像桃树那样内膛空旷。

（2）多主干圆头形修剪方法：与开心形整形修剪一样。多主干圆头形是庭园、散生石榴树的常见树形。其特点是主干多（3 ~ 5 个），成丛状生长，石榴栽植后不剪干，由根际处萌发的萌蘖，选用 3 ~ 4 个生长旺盛的，与原来的中心干一起，组成 3 ~ 5 个主干的树形。

（3）盛果期果树的整形修剪方法。盛果期石榴树，冬季修剪主要以疏剪为主，疏去密生枝、下垂枝、病弱枝、枯死、衰老枝等，使树冠呈上稀下密、外稀内实、大枝稀疏而小枝充实的布局。石榴的混合芽主要着生在短枝的顶端，或近顶端的腋芽，因此小枝不宜短截。石榴根际处，枝干上的萌蘖根多，而且极旺盛，除结合夏季及时疏除外，冬剪时应首先除掉，以免影响冠上枝果生长。

（4）老龄石榴树的整形修剪方法。30 年生以上的石榴树进入老龄后，枯枝增多，花多生长在枝梢，应加强地下部肥水和病虫害防治管理；同时及时进行更新修剪。缩剪主侧枝，促顶芽枝生出旺盛的枝条，构成新冠。修剪时还要选留 2~3 个生长旺盛的萌蘖或徒长枝，逐步培养成骨干枝。待骨干枝具有一定的枝量后，逐年培养修剪成结果枝，目的是均衡树势，避免严重减产和绝产；使全树更新复壮，达到丰产丰收。

七十七、草莓的生长结果特性与丰产栽培管理技术

草莓是多年生草本植物，属浆果类果树。其开花和结果早，果实柔软多汁，酸甜适度，芳香浓郁，营养丰富；果实既可鲜食，又可加工成果酱、果酒、果汁和糖水草莓等罐头食品；同时，由于管理便利、投资少、见效快，成为人们喜爱的水果之一。

1. 草莓的生长结果特性

草莓是喜光性植物，又比较耐阴，适于在肥沃疏松、排水良好、保水力强的土壤中生长，尤其喜欢在 pH 值 5.5~7 的沙质壤土中生长，忌在黏重土和盐渍土中栽培。林果农种植草莓有一年一栽或多年一栽的习惯。一年一栽

时，每年果实收获后，可与蔬菜、农作物进行轮作，充分利用土地，经济效益高，但是要年年育苗；多年一栽时，虽不用每年育苗栽植，投资少，但每年只收果一次，半年没有收益，两年后，根系老化，长势减弱、分蘖多，果实变小，产量、品质也下降。所以，最佳栽培方式为1~2年一栽。草莓结果早，繁殖容易，管理简单，成熟早，是投资少、见效快、经济效益高的一项林果生产致富门路。

2. 草莓的丰产栽培管理技术

（1）掀除防寒物。2月下旬至3月上旬在芽将萌发前及时掀掉防寒物，过迟易伤植物新茎。下层用地膜覆盖进行防寒措施处理的园地，宜在3月中旬萌芽时，按苗破膜，将苗株提至膜上生长。

（2）及时追肥。3月上旬萌芽前、土壤解冻后进行第一次追肥，每亩追施尿素8~10 kg或复合肥12~15 kg。草莓的根系分布浅，仅在15~20 cm，因此，施肥时划沟深度以5~10 cm为宜，也可以直接撒施于覆草的下面土壤表面上，然后用锄头锄一遍即可。

（3）防治病虫害。3月下旬至4月发现蛴螬、蝼蛄、地老虎、地蛆等地下害虫为害草莓根、茎时，每亩用90%晶体敌百虫150~220 g或捕虫王250~350 g，兑水500~700 kg，浇灌根部。在发芽后，花前和花后，为防治白粉病、叶斑病和灰霉病，各喷布一次50%多菌灵500倍液或70%甲基托布津1 000~1 200倍液，或20%粉锈灵乳剂1 200~1 500倍液。

（4）疏花疏果。草莓的花序为聚伞花序或多歧聚伞花序，通常一个花序上可着生7~15朵花，多者达30朵。每朵花的肉质花托上着生许多离生的雌蕊，受精后，每一个雌蕊形成一个瘦果，许多瘦果聚生于同一花托上，形成聚合果。一般中心花先开，以后由这朵中心花的 2 个苞片间形成的 2 朵第二级序花开放；再由第二级序花的苞片间形成 4 朵第三级序花开放，余此类推。高级次的花（3 ~ 4 级以上），有花而不实的现象，因此称为"无效花"。疏花即是疏除这部分"无效花"。在开花前，疏除三级花序以上的花蕾，可增加单果重和产量。以后对一些晚出现的花蕾，以及畸形、病虫果及时疏除。

（5）修剪技术。草莓植株根状茎的顶生混合芽，萌发后先抽生新茎，新茎长出 3 ~ 4 片叶后抽生花序。新茎的叶腋着生腋芽。腋芽具有早熟性，一部分当年萌发成为匍匐茎。匍匐茎细、节长，开始时向上生长。长到超过叶面高度后，逐渐垂向株丛少、日照好的地方沿地面生长。匍匐茎消耗大量的营养物质，对开花、坐果影响很大，要及时摘除，可增产 40% 左右。同时及时摘除部分老叶、病叶，以保证浆果发育的养分供给和改善株丛的光照条件，促进植物株正常的生殖生长，达到丰产丰收的目的。

七十八、葡萄生长期修剪技术

葡萄的萌芽和发枝力强，新梢生长旺盛，在保证果实发育的前提下，为使新梢生长粗壮，形成优质的腋芽，转化为下年的结果母枝，接下来的抹芽、摘心等管理技术尤为重要。

1. 抹芽技术

抹芽在春季芽萌动后进行，主要抹去根蘖芽（留作更新的例外)、副芽以及细弱芽梢。当新梢长至 10～20 cm 出现花序时,把生长健壮、花序较多、位置适当的果枝留下,多余的抹去。全株留枝数,视地力、长势和架面空间大小而定。若肥、水条件差、长势弱或架面空间小,可少留;反之,应多留。主蔓衰老后,易萌发徒长性枝条,在抹芽时应根据徒长枝位置考虑去留。适于作更新用的徒长枝,应反复进行摘心,促使生长充实,形成优质腋芽,转化为结果母枝,可提早结果丰产。

2. 摘心技术

(1) 5～6 月生长期摘心。在生长季节,为抑制新梢生长,改善架面的光照条件,增加光合产物的输出与营养物质的积累,应反复进行摘心。大多数品种,自开花前 5～6 d 至始花期进行第一次摘心。为不使果穗上的果粒过于密集、变形,摘心宜推迟到花后。摘心的程度,一般在花序上保留 7～8 片叶,预备枝保留 12～14 片叶。

(2) 7～8 月生长期摘心。新梢摘心后,很容易刺激副芽萌发形成副梢,不仅消耗养分多,而且易造成枝叶郁闭,因此应对副梢及时进行处理。主梢摘心后,保留先端 1～2 个副梢,长至 6～7 片叶时,留 3～4 片叶摘心。副梢摘心后,发出的第 3～4 次副梢生长势强时,留 2～3 片叶摘心;弱时,全部抹除。把花序以下的副梢全部抹去,花序以上的副梢(包括花序本节的副梢),一律留 2～3 片叶摘心。为保证葡萄果实的产量和质量,每一个结果枝要保留 14～20 片正常的叶片,并提供足够的营养物质,使其丰收丰产。

3. 摘除卷须

葡萄卷须是枝的变态,具有攀缘其他物体向上生长的作用。但卷须过多，会大量消耗树体养分。为了减少养分消耗，有计划地利用架面，应一律摘除卷须，代之以人工缚蔓，缚蔓一般在新梢生长到 40 cm 左右时进行。为使当年生蔓的中、后部形成壮枝、壮芽，缚蔓时应对发枝力弱的品种进行"弓形"引缚，防止结果部位外移。

4. 掐疏花序

当花序出现时，根据结果枝强弱适当疏除部分花序，可使养分集中供给留下的果穗。一般强枝留 2 个花序，中庸枝留 1 个，弱枝不留，培养成预备枝，然后再对花序进行整理。如果第一副穗过大，距离主穗过远，为使养分集中于主穗，提高坐果率，也可疏去。为使果粒排列紧密、均匀，在疏花序的同时，还应掐去花序尖端的 1/5 ~ 1/4，称掐花尖。

七十九、葡萄二次结果的修剪技术

葡萄二次结果，仅限于当年新梢上的冬芽和夏芽结实力强的品种，如白香蕉、莎巴珍珠、黑汉、玫瑰香等。二次结果，可以充分发挥葡萄的增产潜力，尤其是在遭受自然灾害花果不足的情况下，对弥补当年产量有特殊的意义。主要技术的操作方法如下。

1. 利用冬芽二次梢结果

在带不出果穗的新梢长出 10 ~ 15 片叶时，进行摘心，抑制主梢生长并暂时保留摘心口下的 2 个夏芽副梢，延缓主梢上的冬芽萌发，促进花序分化，其余副梢一律抹去。待暂时保留下来的副梢达半木质化后，再从基部剪去，刺激主梢上的冬芽萌发结二次果。一般主梢摘心口下的第一个冬芽结果力较弱，第二、第三个冬芽结果力较强。从主梢摘心至冬芽带出花序，应在 20～30 d 内，以免影响二次果的成熟。

2. 利用夏芽副梢结果

开花前，在夏芽未萌发的节上剪截，促发副梢，使其带穗。如不带穗，在副梢上留 2～3 片叶，再进行剪截，直到果穗长出为止。若对副梢摘心过早，新抽生的二次副梢多为发育枝，要经过 2～3 次连续摘心，才有花序出现，而留 4～6 片叶，经过 1～2 次连续摘心，即有花序出现。

3. 喷施药物促进副梢结果

在生长季节喷洒 300～1 000 倍矮壮素，可减缓夏芽萌发和新梢生长速度，促进副梢抽生花序，增加二次果的产量。

二次结果的葡萄植株，消耗养分较多，在肥、水供应不足的情况下，会给当年产量和花芽分化带来不良影响，因此只有在栽培管理水平较高的果园才能进行。

八十、桃树生长期修剪技术

桃树是我国主要果树之一，其喜光性强，生长速度快，结果早、产量高，且年生长量大，形成副梢能力强。树除了在越冬休眠期内进行修剪外，还要在生长期里不失时机地进行科学修剪，才能使桃树年年丰产稳产。其生长期修剪技术如下。

1. 新梢生长期（3～4 月）

此期主要修剪技术是抹芽、疏梢。修剪的目的是平衡树势，减少树体不必要的营养消耗，促使果实快速生长。

（1）抹芽。此期树体营养丰富，树液活动（流动）增快，萌芽、抽枝能力强，应及时对树冠内主侧枝上的并生芽、过密芽、生长势旺盛的背上芽、生长势弱的背下芽、畸形生长的芽和病虫危害芽进行抹除，保留背侧枝上的芽和有花果部位的芽，以及枝冠内膛枝、下部枝或五年生以上枝段上的萌发芽。抹芽时要注意芽的朝向，考虑树冠内空间的选择和利用。从节省营养的角度考虑，抹芽要尽早进行，做到抹早、抹小、抹了。但是，为了保险，还要注意适当留有余地，待芽萌生 1～3 cm、且能分辨出质量好坏时，再加以重点抹芽。

（2）疏梢。对抹芽不能彻底或暂时多留的部分幼嫩枝梢进行疏除。疏梢标准是：背侧枝每隔 15～35 cm 长留一个新梢，小枝组间隔 20 cm；中或大枝组间隔 30 cm，背上枝以培养中小型枝组为主，其间隔为 30～40 cm。在幼树期或树冠较小的情况下，树体的通风透光性较好，可适当增加留枝密度。树冠的上部和外围留枝密度应稀一些，下部和内膛可适当多留枝，以充分发挥立体结果的特点。

2. 新梢快速生长期（5～6 月）

此期主要修剪技术是摘心、剪梢。修剪的目的是控制竞争枝、徒长枝，同时调整竞争枝、徒长枝、副梢的生长方向及其角度，从而使这些枝梢形成结果枝或结果枝组。

（1）摘心。对树冠内的骨干枝的延长枝梢、背上直立生长的新梢、徒长枝梢、竞争梢等（短截）摘心，这样具有改变生长姿势、开张角度、缓和生长势、促其发生副梢等作用，同时有助于培养开心树体结构，加快成形，促进枝梢花芽分化的形成，提早结果。对内膛枝或背上直立枝的新梢及时摘心，能够控制高生长，压低分枝部位，防止过旺生长，保持整体的开心结构和树冠内良好的通风透光条件。骨干枝、延长枝或其他延长枝梢的摘心时间，应根据其生长势、生长的长度而定。每当延长枝梢长至40~50 cm 时摘心一次。每枝在一年的生长中可摘心2~3次。摘心时，留背后芽或背后副梢当头，以利增大延长枝的角度和树体开心。对背上或内膛保留新梢的摘心标准一般为留20~30 cm长摘心或留2~3个弱副梢摘心。

（2）剪梢。对树冠内生长角度较小的骨干枝延长头和直立的旺长枝梢进行短截，剪截时保留40~50 cm，可进一步开张枝干的角度。对直立生长的旺枝，可在新梢缓慢生长期保留基部2~3个发枝角度大的枝芽，生长较弱的副梢处短截。在大部分新梢停止生长，并形成顶芽后，对尚未停止生长的旺长新梢，剪去未木质化部分，以减少养分的消耗。但切记在生长期间不能修剪已木质化的大枝，否则可能导致流胶病的发生。

3. 新梢缓慢生长期（6月下旬至8月上旬）

新梢缓慢生长期主要是疏枝。修剪的目的是通过疏枝促进果枝营养的转化、积累及花芽分化，同时改善树冠内的光照和通风条件，使果树平衡生长发育。

此期，树冠内的枝条进入缓慢生长或停止生长时期，疏除过密的已经木质化的徒长枝梢、细梢及过密的副梢，可以改善树冠内通风透光条件，减少养分的消耗，促进枝芽、花芽的良好发育。特别是在深秋时节，可对树体在生长期没能及时修剪掉的并生枝、重叠枝、徒长枝、直立枝进行疏除修剪，以进一步增强树冠内的通风透光性，同时有利于在修剪时形成的伤口及时愈合，减少不必要的养分消耗及冬季的修剪量，增强树体抗寒、抗病虫害、贮备营养等能力，为第二年的丰产丰收打下良好基础。

八十一、杏树生长期修剪技术

杏树适应性强，耐寒、耐高温、抗旱，是中国主要果树之一。通过科学生产管理，尤其是生长期修剪技术管理能够大大提高杏树产量。其生长期修剪技术是：5～6月，采收果实后，杏树树冠外围延长枝至35～40 cm时要人工及时摘心，可促发二次分枝，多形成花芽，有利于骨干枝的选留。对内膛的旺枝要强行控制，促生大量副梢，提早结果。主、侧枝角度不开张时，用撑、拉、坠等方法开张角度，促生花芽，及早结果。对竞争枝夏季重截，促生几个分枝控制、转化为结果枝组。同时可根据不同的部位、不同的枝条，进行弯、别、开、压等处理方法，以缓和枝势、增加分枝，改变枝条的生长方向，使树形圆满紧凑，为第二年开花结果打下良好的基础。

八十二、苹果树秋天拉枝的作用及技术

苹果树拉枝是整形修剪中一项重要的技术措施，可促进花芽形成，提高坐果率。

1. 拉枝的作用

冬天拉枝枝条太脆，春季拉枝背上跑条多，秋天拉枝正适宜。秋天枝条柔软，可塑性强，能按人们的需要随意改变枝条方向及角度，改善树体内的光照条件，有利于花芽形成，增加短枝数量，削弱其顶端优势，缓和树势，使

枝内赤霉素含量减少、乙烯增加，促进花芽分化，为来年丰产丰收作准备。

2. 拉枝的技术

8月中下旬至9月下旬，当枝条生长基本停止时，对侧生分枝及中心干上的延长枝（长度在80～100 cm），用铁丝或绳子拉成70°～80°角。注意：不够长度的一年生延长枝被拉平后，不仅不再延伸生长，而且会在其背上发生许多直立的徒长枝。秋天拉枝时如与拧枝、别枝、圈枝等方法相结合，将会取得更好的拉枝效果，促进花芽的形成。

八十三、李树生长期修剪技术

李树适应性很强，开花容易形成，结果早、比较丰产。但是在生长期进行科学修剪，更能够促进来年丰产。即在6～7月采收果实后，对树冠内影响光照的重叠枝、交叉枝、病虫枝，树冠上部多余的生长枝及内膛的徒长枝，进行疏除或剪截，控制促生0.7～1.5 cm的结果枝组，为第二年的结果作准备。

八十四、石榴果实套袋的技术

石榴果实套袋的作用是提高果实品质、防治病虫危害、增加经济效益。其果实套袋技术如下。

1. 套袋时期

石榴套袋的时间，应掌握在开花授粉后的幼果期。因石榴花量大、花期长，有开一茬花、结一茬果（可开三、四茬花）的特性，所以石榴套袋也应随开花坐果的早晚而进行，也就是说，开花坐果早的早套袋，开花坐果晚的晚套袋。但 7 月以后开花坐果的果实，因发育晚、商品价值低，故不再留果套袋。在季节和时间上掌握，一般在小满至夏至（5 月下旬至 6 月下旬）进行套袋。

2. 套袋前进行病虫害防治

为避免套袋时把病原物、虫卵和幼虫一齐套进袋内，套袋前要先用杀菌剂（多菌灵、托布津、波尔多液等）、杀虫剂和菊酯类（如敌杀死、功夫等）农药对树体进行喷雾，然后再套袋。

3. 选择合适的袋

自制报纸袋，经济、材料好找，但不耐用，连阴雨时易烂；专用牛皮纸袋，使用效果好，但成本较高，一个袋 0.1 元左右；塑料食品袋，效果较好，特别是防裂果、防阴雨引起烂果的效果很好，而且比较经济，一个袋不足 1 分钱，但使用不当时，果面有时出现灼伤现象，颜色没有套纸袋的好。果农可根据当地的自然条件和自身的经济条件与栽培目的，酌情选择。

4. 套袋前对袋的处理

套袋前应对袋进行预先处理，即对自制的纸袋和简易食品袋底的两个角，各剪一个与袋口呈垂直方向、长 1～2 cm 的透气孔，以避免袋内高温灼伤果面。若是购买的果树专用袋，则不必处理，可直接使用。

5. 套袋前对所套果实进行处理

人工摘掉与果实并生较近的叶子，以防套袋（塑料袋）后桃蛀螟危害挨着叶子的果实。为了促使坐果，大型果园采用赤霉素涂抹幼果，要先涂果后套袋。

6. 套袋的技术

（1）撑开或吹开袋子。检查袋子是否破损，更重要的是检查袋底的透气孔是否透气。对于透气孔过小的，要及时纠正。

（2）将撑开的袋子套在果上。注意不要使袋壁挨住或粘在果面上，以免日光照晒袋子后灼伤幼果。

（3）卷折袋口至果柄处，用袋上特制的细铁丝或曲别针将袋口与果柄扎在一起。用简易塑料食品袋的，可将袋口的两个手提部位交叉后系在果柄上或着果柄的枝上。

7. 套袋期间要定期对袋进行检查

在果实套袋后的生长期内，每隔 20 ~ 25 d，对袋进行检查，查看有无破损，发现破损要及时更换新袋，防止虫害发生。

8. 去袋时间

当果实进入成熟期时可以去袋。去袋时选择阴天或晴天的傍晚进行，先将袋子扎口处的细铁丝拧开或去掉曲别针，使袋口完全张开，让袋内的果实适应 3 ~ 5 d 后，再完全将袋子去掉。套塑料袋的果实采前不用去袋，可以在采摘后、装箱前去袋。

八十五、林木良种"舞钢枫杨"的栽培技术

"舞钢枫杨"，胡桃科、枫杨属；学名 *Pteocarga stenoptera* DC，别名枫柳、燕子树，俗称鬼柳树。该品种开花早、果期时间长、干速生、根萌蘖能力强、耐水湿、喜光照、适应性广。2009 年 2 月通过河南省林木良种审定委员会审定，正式命名为林木良种"舞钢枫杨"（林木良种编号豫 S – SP – PS – 023 – 2008，证书编号豫林审证字 132 号）。

1. "舞钢枫杨" 主要性状

（1）形态特征。落叶乔木，树高 28～30 m，平均干高 8～15 m，干皮灰褐色，幼时光滑，老时纵裂。具柄裸芽，密被锈毛。小枝灰色，有明显的皮孔且髓心片隔状，枝条横展，树冠呈卵形。奇数羽状复叶，但顶叶常缺而呈偶数状，互生叶轴具翅和柔毛，小叶 5～8 对，呈长椭圆形或长圆状披针形，顶端常钝圆，基部偏斜，无柄，长 8～12 cm，宽 2～3 cm，缘具细锯齿，叶背沿脉及脉腋有毛。

（2）物候期。在平顶山地区，一般 3 月上旬萌芽，4 月下旬展叶，5 月上旬开花。花单性，雌雄异株柔黄花序，雄花着生于老枝叶腋，雌花着生于新枝顶端。果长椭圆形，呈下垂总状果序，果序长 20～45 cm，果长 6～7 mm。花期 4～5 月，果期 8～10 月，于 11 月中旬落叶，进入越冬期。

（3）生物学特性。喜光性树种，不耐庇荫，但耐水湿、耐寒、耐旱。深根性，主、侧根均发达，以深厚肥沃的河床两岸生长良好。速生性、萌蘖能力强，对二氧化硫、氯气等抗性强，对土壤要求不严，较喜疏松肥沃的沙质壤土；耐水湿，特喜于湖畔、河滩、低湿之地生长。

2. 栽培技术

（1）苗木繁育。采收种子。在 9～10 月，当翅果由绿色变为黄褐色时，即可证明种子已成熟，用高枝剪或采种铁钩将果穗采下，晾晒 2～3 d，同时还要去除杂质，而后装袋干藏于室内的棚架上保存。

催芽播种。在 1 月上旬将种子用温水浸种 24 h，取出种子掺沙堆置于背阴处，同时覆盖草帘或麻袋布防止风干；到 2 月中旬再将种子置于背风向阳处加温催芽，要经常翻

倒，注意喷水保持湿度；至 3 月下旬或 4 月上旬，种子有
20%~30%萌芽时，即可播种。播种时采用垄播、床播皆
可，播前要灌足底水，播后覆土 2~3 cm，12~15 d 幼苗即
可出土。幼苗出土时，先长出子叶两枚，掌状四裂，初出
土时黄色，不久变为绿色，长出单叶，长到 4~5 片叶以后
再生者则为复叶。

（2）苗期管理。苗木生长至 4~5 cm 高时，应间苗、
定苗，并加强肥水管理，当年 8~9 月苗可高达 1 m 左右，
因枫杨具有主干易弯曲的特点，第一次移植行株距不可过
大，以防侧枝过旺和主干弯曲，待苗高 3~4 m 时，再行扩
大行株距，培养树冠，由于枫杨生长较快，一般培育 5~6
年即可养成大苗出圃。

3. 造林技术

（1）苗木选择。无论是作为河道或行道用途林，都要
以苗干直（高 3~4 m、直径 4~5 cm）、无病虫害、健壮的
苗木为宜。

（2）造林技术。河道林按株行距 2.5 m×4 m 定穴，单
行行道树按 3 m 或 3.5 m 间距定穴为佳；挖穴长、宽、深均
为 0.7~1 m；栽植时，首先把表层土填入穴内 30 cm，然后
放入苗木，而后分层填土，浇足水分层踏实土壤，务求苗
干扶直。

（3）病虫害防治。"舞钢枫杨"的主要病虫害为核桃
扁金花虫、核桃缀叶螟等食叶虫害。6 月上旬至 9 月可使用
苯氧威 1 200~1 500 倍液或杀螟松 1 500~2 000 倍液喷洒叶
片灭杀虫害，每隔 10~15 d 喷药一次即可防治病虫害。

4. 经济用途

"舞钢枫杨"树冠高大、枝叶茂密、生长快速、根系发达，为河床两岸低洼湿地的良好绿化树种，既可作为行道树，也可成片种植或孤植于草坪及坡地。其木材白色质软，容易加工，可做家具及火柴杆；其幼苗还可作核桃砧木等。"舞钢枫杨"生长迅速，树干年平均生长 5～10 cm，树冠高大，浓荫如盖，抗病虫害；因果序在树上生长时间长，成串状，美观好看，故可作园林行道树或风景树，具有极高的观赏价值；又因其耐湿力较强，侧根发达，须根细密如网，适宜栽植于溪边、湖畔，为固堤护岸的良好树种。综上所述，"舞钢枫杨"具有较高的推广应用价值。

八十六、核桃树丰产栽培技术

核桃树，是中国重要的木本油料经济树种，果实价值高、树体寿命长，很受林农喜爱。其丰产栽培技术如下。

1. 园址的选择

核桃园址一般选择背风向阳、不积水的平地或山坡、丘陵的缓坡地，要求土质肥沃，土层厚度在 60～100 cm，有灌溉条件的地方更好。

2. 栽植的密度

平原地块，株行距一般采用 3 m×6 m 或 4 m×6 m，丘陵山地株行距宜采用 3 m×5 m 或 4 m×5 m。

3. 配置授粉树

核桃虽属于雌雄同株果树，但多数品种雌花和雄花花期不一致。为提高坐果率和果实品质，必须配置授粉树。授粉树和主栽品种的比例一般以 1：8 为宜，按株行距在果园内配置均匀栽植。

4. 整形修剪

（1）整形。一般根据不同种植密度和品种特性来定形，密度大或早实型干性差的品种多采用开心形 3～5 个主枝，每个主枝选留 4～6 个侧枝为宜。密度小或晚实型干性强的品种多采用主干疏层形 2～3 层，每层 5～7 个主枝，每个主枝上选留 3～4 个侧枝。整形宜早不宜迟，一般要在 5～7 年内完成。

（2）修剪。10 月下旬落叶前或次年 3 月初萌芽至展叶期修剪。幼树和初结果树修剪的主要任务是培养各级骨干枝，使其尽快形成良好的树体骨架；盛果期树修剪的主要任务是及时调整平衡树势，调节生长与结果的矛盾，改善树冠通风透光条件，更新复壮结果枝组，延长盛果期；衰老树修剪的任务是因树制宜，对老弱枝进行重回缩，并充分利用新发枝更新复壮树冠，并对其及早整形，防止新发枝郁闭早衰。同时结合修剪，彻底清除病虫枝。

5. 加强土肥水管理

（1）中耕除草。7～8 月要及时对核桃园进行松土、除草。每年中耕除草 4 次。晚秋或早春结合深翻施基肥，基肥以人粪尿、农家肥为主，适量混入过磷酸钙化肥，为果树提供足够养分，提高果树抗寒越冬能力。

（2）追肥。4～6 月花前花后分别施入复合肥和速效氮肥，于树冠下挖环状、辐射状或穴状沟，深 20～30 cm，施用量可按树冠投影面积计算，即每平方米施基肥 223 kg。叶面喷肥：在花期或果实膨大期进行叶面喷肥，肥液种类和浓度为 0.2%～0.4% 的四硼酸钾、0.2%～0.3% 的磷酸二氢钾、1% ~ 2% 的尿素液。前期促、后期控，力争树势强健但不旺长。

（3）适时浇水。5 ~ 6 月浇灌 2 ~ 3 次水，7 ~ 8 月注意防涝，防止水淹。

6. 生长期管理

（1）去雄疏果，合理负载。及时疏除过量雄花，以减少养分损失，宜早不宜迟。刚结果的幼树雄花芽较少，可不疏除。早实品种花量大，坐果率高，应及时去雄花和疏果，以保持强壮的树势和合理的负载。发芽前 15 ~ 20 d（雄花芽萌动期），摘除雄花芽，去雄量为全树总雄量的 90% ~ 95%，保留顶部及外部枝条上 5% ~ 10% 的雄花，即可满足授粉的需求。留果量依品种、树势、管理水平而定。其原则是既要保证一定的产量，又要有较强健的树势。

（2）适时采收，严禁早采。果实充分成熟的标志是青果由绿色变为黄绿色，约有 30% 的果实青皮自然裂开，此时也是果实采收的最佳期。据试验，核桃成熟前的 20 d，是单果重、出仁率、含油量等主要指标增加的高峰期。若提前采收，不仅影响产量，而且品质急剧下降。为提高果实品质，严禁早采。

7. 防治病虫害

核桃主要病害是溃疡病，可采取清除病枝落叶、刮除树干基部粗皮、涂抹 5 ~ 10 波美度石硫合剂或 50% 甲基托布津等方法进行防治，在 7 ~ 8 月喷 2 次 50% 退菌特 800 倍液即可。核桃主要虫害：一是核桃举肢蛾。主要危害果实，采取树下开垦耕种、清除残枝落叶、摘拾黑果为主要措施，树冠喷药为应急手段的综合防治方案。即采果后至次年 5

月中旬翻耕、扩盘、清园，6~8月摘拾黑果，集中销毁，6
月上旬至7月中旬成虫羽化期在重灾区选用50%的杀螟松
1 000~1 500倍液或敌杀死3 000倍液树冠喷药。二是云斑
天牛。主要以蛀干方式危害果树，可以人工捕捉成虫为主，
并及时用药塞虫孔，砸死卵和幼虫，8月树上喷40%杀虫
净500倍液，防治率可达90%以上。

八十七、晚秋黄梨树高产栽培技术

晚秋黄梨果个大、皮厚，黄褐色、味浓香甜，结果早，
适应性强。栽后一年挂果，三年丰产，四年亩产可达
3 000~5 000 kg，很受果农欢迎。其栽培技术如下。

1. 栽植苗木

11月下旬至第2年3月，即苗木落叶开始即可栽植，
一般可按1.5 m×2.5 m株行距栽植，每亩栽178株。定植
穴深0.8 m、宽1 m，栽植时穴底铺秸秆20~30 cm深，然
后分层施入20~30 kg有机肥，覆土镇实后即可栽植。

2. 栽后管理

3月中旬对果园全面喷布石硫合剂防治病虫害发生，在
7~9月，深翻土壤，一般深度为30~40 cm。深翻同时要结
合深施有机肥，每亩施肥2 000~3 000 kg，逐年扩大深翻范
围，在深翻时必须注意保护根系，不能铲断大根，尤其是
0.5~1 cm以上的主、侧根。

3. 施肥追肥

肥料是丰产丰收的保障。花前肥：1月至开花前进行，
施速效性复合肥为主，每亩施入80~100 kg。壮果肥：6月
至7月初进行，树势健壮，新梢量多，此期应以追钾肥为

主，每亩施肥 80～100 kg；如树体衰弱，结果量多，应以氮肥为主。采收前一个月应停止施用氮肥。基肥：基肥一般在采果前后，8～10 月对土壤施入基肥，如堆肥、腐殖酸类肥料、家畜肥及绿肥等。每亩施肥量 4 000～5 000 kg，果树施入基肥能长时期地供应树体所需的养分，补充树体大量营养物质，提高树干抗寒、抗旱及越冬能力，促进来年花芽饱满、开花一致、生长健壮，为丰产丰收提供保障。

4. 整形修剪

定干高度一般为 60～80 cm，也可把定干高度定为 100 cm。定干时，剪口要留 7～8 个饱满的芽，如不够定干高度，可离地面 6～10 cm 处短截，以便第二年重新定干。

5. 冬季修剪

（1）骨干枝的选留和培养。定干后的第一年冬，选顶端直立的枝条作为中心干，逐年加以培养，如果枝条生长弱，可适当重剪。当树冠达到 3.5 m、具有 5～7 个固定主枝时，便可封顶落头。为促进第一层主枝生长，中心干延伸时可采取换头弯曲上升，去强扶弱作中心干延长枝；定植苗一年后，如基层选留主枝的枝条不足三个时，可对中心干再行重剪，促使发枝，第二年冬选留方向和角度适合的枝条作为第一层主枝培养。修剪时，为保持三主枝生长平衡，弱枝轻剪长放，养壮以后再缩剪，促发强枝。同时要注意主枝的开张角度，若角度过小，2～3 年生的梨树可采用拉、撑、拿、吊，4 年以上的树可采用"里芽外蹬"、换头等方法。

（2）结果枝组的培养和修剪。结果枝组的配置应该上疏下密、外疏内密、下大上小。培养枝组，首先是先缩后放：枝条缓放拉平后可较快形成花芽或提高徒长枝的着果率，结果后回缩，培养成枝组。对生长旺盛的树，可提早丰产。其次是先截、后缩、再放：对当年生枝留 17～20 cm 以下短截，促使靠近骨干枝分枝后再去强留弱、去直留斜；将留下枝缓放或强枝拉平缓放，再逐年控制回缩成为大中型枝组。改造辅养枝或临时性骨干枝：随着树冠扩大，大枝过多时，可将辅养枝或临时性骨干枝缩剪控制改造成为大中型枝组。再次是短枝型修剪法：将生长枝于冬季在基部潜伏芽处重短截，翌年抽梢如仍过强，则于新梢长 30 cm 以下部位，用同样的方法重短截，直到形成一个中小型枝组，达到树冠圆满、通风透光、果实累累的目的。

6. 病虫害防治

4～5 月在核桃幼果期对树冠喷布 1∶200 波尔多液或百菌清 800～1 000 倍液等药物可防治梨白粉病。梨白粉病主要危害梨树老叶片，一般每叶上有多个病斑，在病斑中产生黄色小点，逐渐变为黑色，特别是在盛夏干旱骤降暴雨时，此病容比较流行发生；另外，在 7～8 月要及时防治梨小食心虫，此虫第 1～2 代幼虫主要危害树梢，第 3 代以后主要危害梨果。梨小食心虫在危害果实时期蛀果孔很小，不容易被发现，但从树上脱落在地上的果实蛀果孔大而明显，可在 7 月中下旬开始喷水剂绿色功夫 2 500～3 000 倍液或灭幼脲 3 000～3 500 倍液即可。

八十八、银杏叶子的采收技术

银杏（*Ginkgo biloba* L.）别名公孙树，俗名白果树，银杏科、银杏属，落叶大乔木，高达 40～60 m。银杏果实、叶子药用价值高，市场货紧价扬，因此银杏树的种植发展很快。

1. 银杏叶子的错误采收技术

银杏叶子错误的采收技术是：5月下旬至9月上旬，银杏果树进入果实增大和花芽分化期，果树生长正旺，有的林果农不分叶子的老嫩、叶子生长的部位，将枝条上的叶子捋光，如此采收的叶子药用价值低、质量差，影响收益；同时采叶后的枝条生长纤弱、叶片薄小，致使树冠枝条残缺不齐、衰败不堪，特别是新生幼树受害更加严重；还有的林果农对高处的树冠冠叶用竹竿胡乱击打，这样严重损伤了正在生长的枝条和叶片，不但影响了银杏树当年的生长发育及叶子的光合作用和果实生长，而且影响了来年果树的发芽、开花、结果及正常生长。

2. 银杏叶子科学正确的采收技术

（1）银杏叶子生长期的采收技术。6月中旬至9月下旬，此期应该分3~4次采摘，每隔20 d或30 d采收一次；采摘时每一枝条上的叶子应隔三差五采，适当保留一些叶子，距枝梢10~15 cm处的叶片全部保留不能采摘，确保梢部叶片能够发挥光合作用和枝梢抽条生长，平衡树势，促使果树正常生长发育，形成采摘叶子与果树生长互不影响的良好状态。

（2）银杏叶子秋季的采收技术。9月下旬至10月上旬，银杏果树基本停止生长，处于树液开始回流时期，此期树冠顶部或梢部位在生长期难以采摘的叶子，开始由青逐渐变黄，正是采摘叶子的最佳时机，可以人工上树振枝或用竹竿轻轻击打树枝促使落叶，同时在树下用 4 m×4 m 的塑料布或其他物品接收叶子，然后把收集的叶子晾干以备整理包装。

八十九、山楂果实的采收处理技术

山楂又名山里红、红果，蔷薇科、山楂属，多年生落叶果树，乔木。山楂果实鲜艳，风味营养独特，既可生食和加工，又能药用。果农在采收果实时，存在着乱采现象。早采影响果品质量和产量，晚采果实自落散失，果园产量降低。无论早采和晚采，均影响果实的贮藏与保鲜。

1. 适时采收

9月下旬至10月上旬，当果实果皮变红，果点明显，果面出现果粉和蜡质光泽，果实的涩味消失并具有一定风味和独特的香味时，表明山楂果已到成熟期，进入最佳采收期。采收过早，不但严重影响产量，而且质量差，贮藏期果实易皱皮和缩果，果实品质下降，商品价值低，效益差；采收过晚，果实肉质松软发绵，极不耐贮藏和调运。若作为贮藏鲜食用的红果，必须人工采摘。采收时要 2～4 人撑拉床单在树下接收果实或在树下铺设草苫子或麻袋接收果实，不能碰压损伤。若加工用的果实，可在采收前一周左右喷洒 40% 乙烯利 1 000～1 500 倍液，催落果实。采收时，也要预先在树下铺设软草或麻袋，从而减轻果实损伤。

2. 采后处理

采摘后的果实，应集中堆放在树下、屋后或房边的阴凉通风处，使其自然散热预冷。堆放果实，要摊得薄和均匀一些，厚度 8～12 cm 为宜，果堆过厚则预冷效果差。在预冷中要防止日晒雨淋，白天遮以席帘，傍晚揭帘放露，2～3 d 即可进行分选贮藏或包装外运。

第四章　　林果病虫草害防治技术

林果病虫草害是无烟的森林火灾，只有加强林果病虫草害的预测预报和防治，减少灾害的发生，才能促使林果树正常、健壮生长和结果，提高林果业的生态效益、经济效益和社会效益。本章主要介绍一般药剂的配制方法，林木果树主要病虫害的发生与防治技术，利用野生莞花防治天牛等技术。

九十、树干涂白的作用

树干涂白可以防治冬季在树干上越冬的虫卵、老熟幼虫、病菌等，能提高树体抗寒、抗旱的越冬能力及夏季日烧。林木果树冬季落叶后，树体光秃，白天阳光直射主干和大枝，使朝阳面皮层温度升高，细胞解冻；到了夜晚，随气温下降而又冻结，如此反复进行，常常造成皮层细胞坏死，发生日烧。夏季强光直射树干，由于局部蒸腾作用加剧，也能造成树干日烧。遭受日烧的主干和大枝，朝阳面呈不规则的焦糊斑块，一旦受到腐烂病菌侵染，会很快引起腐烂，影响树势。所以通过涂白，可利用其白色反光原理，降低朝阳面的温度，缩小冬季昼夜温差和夏季高温灼伤。因此，在涂白时，要特别注意加厚朝阳面的涂层。涂大枝时，避免涂白剂滴落在小枝上，烧伤芽子。

九十一、涂白剂的配制及方法

涂白剂的配制方法是：生石灰 10 ~ 12 kg，食盐 2 ~ 2.5 kg，豆浆 0.5 kg，豆油 0.2 ~ 0.3 kg，水 36 kg。配制时，先将生石灰化开，加水成石灰乳，除去渣滓，再将其他原料加入石灰乳中，充分搅拌即成。10 月下旬至 12 月底，把涂白剂用刷子涂抹树干或枝杈，抹均匀即可。

九十二、糖醋液的配制及使用方法

糖醋液挂瓶是林区果园诱杀成虫（利用昆虫喜好）、减少害虫发生危害的生态环保技术，应积极推广应用。

1. 糖醋液的作用

糖醋液药效时间长，成本低，省工、省时又无污染和残留，是林果农防治害虫的一种重要诱杀剂，对梨小食心虫、梨大食心虫、金龟子、卷叶蛾等成虫药效非常显著。

2. 糖醋液的配制方法

按红糖：醋：水 5：20：80 或红糖：醋：酒：水 1：4：1：162 等比例进行配制备用。

3. 使用方法

一是在使用时要特别注意挂瓶的瓶体颜色。害虫对颜色有一定的辨别能力，利用瓶色来诱引就可以起到双重的效果。通过观察害虫最喜欢红、黄、蓝、绿等颜色，把瓶色模拟成花或果实的颜色，诱杀的效果就成倍地提高。二是瓶子悬挂的位置对诱虫效果也有一定的影响。害虫最喜食花朵、果实、叶片，瓶子需挂于树冠外围的中上部无遮挡处，这样容易被远距离的虫子发现。三是糖醋液是靠挥发出的气味来诱引害虫的，盛装糖醋液瓶的口径越大，挥发量就越大，所以瓶口应是直敞开或向外敞开的，这样便于害虫的扑落，增加收虫量，瓶口径以 10～15 cm 为宜。四是糖醋液配制好后发酵 1～2 d 再用，每个果园按每亩放置 6～10 个糖醋液的瓶子，每个瓶子倒入糖醋液半瓶即可。危害季节气温较高，蒸腾量大，应及时添加糖醋液和清除虫尸。五是雨后要将瓶内糖醋液倒掉，重新倒入糖醋液。4～6 月平均每天每瓶都能诱到梨小食心虫 40～50 只，而且雌雄虫均可诱杀，防治效果良好。

九十三、波尔多液的杀菌作用与使用技术

波尔多液是用硫酸铜液与生石灰乳混合而成的天蓝色胶状悬浮液，是历史最久的林木果树保护药剂。

1. 波尔多液的作用

波尔多液黏着力强，喷在植物表面，能形成一层薄膜，防止病菌侵入，是一种优良的保护性杀菌剂。

2. 波尔多液用量及注意事项

半量式 200 倍液，可防治葡萄黑痘病、褐斑病、霜霉病等；倍量式 200 倍液，可防治梨锈病、黑斑病、黑星病及苹果炭疽病、早期落叶病等。同时要注意：①波尔多液不能与肥皂、松脂合剂、石硫合剂、油类乳剂及敌百虫等农药混用；喷波尔多液与石硫合剂应间隔 20～25 d，以免产生药害。②桃、梅、李、杏等果树，在生长期绝对不能喷用波尔多液，否则会产生药害，造成落叶。柑橘上喷波尔多液，必须在发芽前，以免嫩芽受药害。

九十四、石硫合剂的作用与使用技术

石硫合剂是用生石灰、硫黄和水熬制而成的，是一种红褐色液体，又名石灰硫黄合剂。

1. 石硫合剂的作用

石硫合剂是用硫黄、石碳等物质加水熬制而成的化学物质，具有杀虫、杀螨、杀菌的作用，常用于防治白粉病、锈病、黑星病、腐烂病、褐斑病，以及红蜘蛛、介壳虫等。在病虫（主要是病）发生前喷布，有"防"的作用；在病虫发生后喷布，有"治"的作用。

2. 石硫合剂的使用技术

石硫合剂的主要杀虫、灭菌成分是多硫化钙，随着季节的不同，使用浓度也不同，夏季（7~9月）为0.1~0.3波美度，冬季和发芽前（1~3月）为3~5波美度。在使用石硫合剂时，应注意不能与波尔多液或其他农药混用。与波尔多液交替使用，不仅降低药效，而且易产生药害。施用两种以上农药时，中间必须间隔20~25 d才能再喷施。

九十五、除草剂的作用与使用方法

除草剂是化学药物，有的能除根，有的能除植物、杂草的枝干和叶片。

目前，林区、果园中常用的除草剂有除草醚、西马津、敌草隆、扑草净、茅草枯、草甘膦等。不同的林区和果园生长不同的杂草，为达到安全有效的除草目的，应正确选择和科学掌握使用技术，才能有效地消灭杂草。

1. 除草醚

除草醚是触杀性除草剂。主要是防除马唐、稗草、狗尾草、牛毛草、蟋蟀草、马齿苋等一年生杂草，对多年生杂草有抑制作用，但不能根除。同时，可杀死杂草种子与幼芽。使用方法在白天上午10时左右或下午4时左右，用背负式喷雾器均匀喷洒至杂草，药物在土表的有效期作用20~30 d。当杂草发芽时，接触药液、见光后即发生枯斑死亡。晴天、高温、土壤潮湿时药效更好，温度低于20 ℃时药效差，施用时应注意温度。使用方法：25%可湿性粉剂，每亩0.5~1 kg，兑水70~80 kg，在杂草发芽前1~2 d喷施。

2. 草甘膦

草甘膦是茎、叶内吸性除草剂。主要是防除香附子、白茅、双穗雀、狗牙根、小蓟、艾蒿、苣荬菜、芦苇等多年生杂草，对一年生杂草也有效。喷施方法：每亩用药150~200 g，兑水70~75 kg稀释，可用喷雾器在上午10时左右或下午4时左右直接喷在杂草叶面。注意只宜作叶面喷雾，不宜作土壤处理。

九十六、林果树流胶病的发生及防治技术

流胶，是果树上常见的一种主要生理病害，此病害不仅影响果品质量和产量，更影响树体正常生长发育。

1. 林果树流胶病的发生

（1）林果树发生流胶病的主要树种有桃、樱桃、杏、梅、樱花、碧桃、红叶李、山桃等。

（2）流胶病发病的部位主要表现为：在盛果期果树的主干、主枝及主枝上的伤口或剪口处，发病严重的果园，除主干和主枝、伤口、剪口发病外，果实上也有流胶。

（3）流胶病发病症状：树体发病始期，发病部位稍有肿胀，木质部变褐色，随后从皮孔或伤口处陆续分泌出透明、柔软的胶状物，胶状物与空气接触逐渐变成黄褐色晶莹柔软的胶块，最后变成黑色硬质胶块。随着流胶数量的增加，树龄的加大，发病的树势日趋衰弱，叶片变黄，发病部位树皮粗糙、龟裂、伤口不易愈合。发病严重的果树树势很快衰弱、枝梢枯萎，甚至整株枯死。

（4）发病原因：从连年的调查结果分析，病虫危害严重、施肥不当（如人尿粪便不腐熟就直接施入果树或尿素施入量过多等）、水分过多、排水不良或水分不足、生长期修剪过重（生长期疏除大枝、树液流动分泌快、伤口易发生胶体）、盛果期结果过多、冬季发生严重冻害和日灼病、春季受霜害或冰雹危害、幼树栽植过深、土壤黏重或土壤过酸等因素都能引起树体流胶病发生。其中，树体上的伤口是引致流胶病发生的主要原因。

2. 流胶病的防治技术

林木果树一旦发生了流胶病，应及早防治，否则情况严重了就难以防治。主要防治技术如下。

（1）科学栽植法。选择中性土壤地块栽植果树，加强果园的排水或灌溉，增施腐熟农家肥料，改善土壤的通透性，栽植苗木、修剪枝条时应尽力保护，切记不能伤害树体，以减少伤口引致流胶病的发生。

（2）病虫害防治法。夏季及时防治病虫害的发生，特别是防治枝干害虫。枝干害虫常见的有桑天牛、星天牛等，它蛀入树干为害，造成孔洞，破坏输导组织，引起树体流胶，树势衰弱。防治方法是：当发现成虫天牛时，及时人工捕捉杀死；发现树干上有虫孔时，用铁丝插入虫孔钩出幼虫或捅死幼虫；在新蛀孔内，注射80%敌敌畏或40%氧化乐果100～200倍液，或用浸蘸药液的棉球，堵塞虫孔杀死天牛；冬季树干涂白，用生石灰10 kg、食盐2 kg、黏土0.5 kg、植物油0.2 kg、水36 kg，放入1个大容器中充分搅拌均匀制成涂白剂，把果树主干和大枝涂白（涂大枝时，避免涂白剂滴落在小枝上烧伤芽子），可以防冻和日灼伤害，从而防止因病虫害的发生引起的流胶病。

（3）流胶病的防治方法。果树如果已经发病，可在春、夏、秋季的连阴雨天进行防治。此期利用流胶遇水变软的时机，用刀具轻轻刮除流胶体，对刮下的流胶要运出果园集中深埋，以防蔓延。天气转晴后，用5波美度石硫合剂或75%百菌清800倍液对刮除伤口处进行喷施，以便清理消毒，消除病害。

九十七、茶翅蝽的发生及防治技术

茶翅蝽属半翅目、蝽科，是果树主要害虫之一，该害虫以特有刺吸式口器危害叶片、枝梢和果实。

1. 危害症状

该虫以成虫、若虫在树冠上吸食叶片、嫩梢和果实的汁液生活，使生长的叶片发黄、枯萎、脱落；枝梢失绿、逐渐干枯；果实被害后呈凹凸不平的畸形果，受害处变硬且味苦，近成熟的果实被害后，受害处果实变空、木栓化，幼果受害常脱落。

2. 危害树种

茶翅蝽是食性较杂的害虫，主要危害梨、苹果、桃、李、杏、樱桃、山楂、石榴、柿、梅等果树。

3. 危害习性

该虫1年发生1代，以成虫在空房、草堆、树皮裂缝、树洞、石缝等处越冬。每年3月下旬至5月上旬开始陆续出蛰活动，6月下旬至8月中旬进入产卵期。7月上旬早期卵开始陆续孵化，初孵的若虫喜欢群集卵块附近为害，而后3~7 d逐渐分散，8月中旬开始陆续老熟羽化为成虫，成虫至9月下旬开始寻找适当场所越冬。

4. 防治方法

（1）人工防治。当年10月至翌年2月上中旬，对盛果期果树或老果树进行刮树皮，刮除下的树皮等杂物要集中烧毁或深埋。8月中下旬，在果树主枝或主干上，围绕其一周束绑干草一把，从而诱集成虫在草把上产卵，每隔7 d检查1次，发现卵块时可将草把取出烧毁，并重新在原地方上束绑一把干草，使新生害虫继续在此处繁殖，便于人工消灭。在7~9月炎夏的中午前后，用鞋底或其他硬物擦压集中在枝干阴面处乘凉的害虫。

（2）化学防治。在2月下旬至9月上旬若虫群集在枝干阴面乘凉时，用50%敌敌畏乳剂1 000倍液或40%乐果乳剂1 500~2 000倍液等药剂进行喷洒杀灭，效果良好。

九十八、苹果锈病的发生及防治技术

苹果锈病又名赤星病，寄主有苹果、海棠、花红等。可危害叶片、果实和嫩枝。叶片被害，先产生黄绿色小斑，后扩大呈中央杏黄色外围黄色的圆斑，发病7~14 d后病斑表面长出先为黄色后变为黑色的小粒点，并能分泌汁液，后期病斑背面稍隆起，并长出土黄色的毛状物。幼果发病多在萼洼附近，初为橙黄色圆斑，后变褐色，中央产生小粒点，而毛状物长在病斑周围病果常呈畸形。嫩枝受害时，与叶片上症状相似，后期病变部位龟裂，枝条易从病变部位折断。

苹果锈病以菌丝体在桧柏中间寄主上形成菌瘿越冬。第二年春雨后，菌瘿上长出深褐色鸡冠状的冬孢子角，冬孢子角吸水膨大变为橙黄色。冬孢子角上有冬孢子，冬孢子萌发产生小孢子，小孢子随风吹到苹果树上，侵入苹果组织。病菌侵入寄主 10 d 后表现症状：病变部位先形成的小粒点即性孢子器，后在叶片或果实的病斑周围形成毛状物即锈子腔，从性孢子器发展到锈子腔突出，需 35 ~ 55 d。秋季锈子腔放出锈孢子，随风传到桧柏等树上，主要危害桧柏等中间寄主小枝，病部发黄隆起，形成球形瘤状菌瘿越冬。

苹果锈病是一种转主寄生菌，病原菌在桧柏类树上越冬，因此最根本的防治方法是铲除果园周围 5 000 m 之内的桧柏、龙柏、翠柏和矮桧等中间寄主。若不能彻底砍伐时，应于早春剪除桧柏等中间寄主上的菌瘿；雨前在桧柏等树上喷 1 ~ 2 次波美 3 ~ 4 度石硫合剂，控制冬孢子萌发。

九十九、苹果树冬季刮除老树皮的作用及方法

苹果树在冬季刮除老树皮的主要目的是消灭树皮裂缝中的病菌和虫害，促进树体冬季正常生长发育。

1. 刮除树皮的时间

11 月下旬至第二年 3 月初（果树落叶后至萌芽前）刮

除树皮为佳。

2. 刮除方法

选用不太锋利的刀具，从树干上部（有老树皮的地方）至下部轻轻刮除老树皮，将老树皮的粗裂层刮下为适度，若过深伤及嫩皮和木质部会影响果树生长；当刮树时遇有病斑或害虫卵和幼害虫时，应认真刮除，清理干净。同时还要把刮下的树皮或其他杂物带到距果园较远的地方进行集中烧毁或深埋。树皮刮完后应立即给树干消毒和涂刷保护剂。

3. 涂保护剂

（1）保护剂的作用。防治病虫害的再浸染，减轻冻伤和日烧病的发生。

（2）保护剂的配制方法。用水 10 份，生石灰 3 份，石硫合剂原液 0.5 份，食盐 0.5 份，适量油脂（动物或植物油均可）。

（3）涂刷的方法。用刷子均匀地把配制好的药剂涂在主干和主枝的基部；也可用喷雾器喷布主干和主枝。

一〇〇、果树冬季防治病虫害的技术

入冬后，果树进入休眠期，此时防治病虫害效果最好，一是树体对农药抵抗力较强，在生长期不宜施用的农药，冬季可以施用；二是对在树皮裂缝、落果、落叶、杂草、树下土壤等地方隐藏越冬的病虫，易集中消灭和防治。其防治技术如下。

1. 清理果园

果树落叶后，及时清理果园，先用高枝剪剪除树上的病枝、虫枝、枯枝、虫苞、僵果等，再清扫树下的落叶、落果和杂草，然后把清理的杂物集中烧毁，可消灭许多越冬的害虫和病菌。

2. 深翻树盘

树盘是指以树干为中心，树冠外围下的土壤。翻耕深度为 15～25 cm，若过深易伤根，深翻树盘后应及时浇水保墒和施肥。这样通过深翻树盘可改变害虫在树下土壤内的越冬场所，使其自然被冻死。

3. 刮除树干翘皮

树干上的粗皮、翘皮下，往往是害虫、病菌越冬的场所。用不太锋利的刀具轻轻地把它们刮除掉，然后集中烧毁或深埋，可有效地消灭皮缝中的越冬病菌、害虫和虫卵。

4. 树干涂白

入冬后，对树干刮除粗皮、翘皮后及时涂白。涂白剂的配制方法：生石灰 10 份、石硫合剂 2 份、食盐 1 份、植物油 0.5 份（或黏土 2 份），在容器中调配、搅拌均匀后即可涂抹树干。涂白既可减少日烧病和冻害，又可杀死树皮内隐藏的越冬病菌和害虫。

5. 喷药

在翌年苹果树萌芽前对树体喷施一次 100 倍液福美砷或 5 波美度石硫合剂，即可杀死出蛰的幼害虫和病菌，具有很好的防病治虫的效果。

一〇一、杏树园林间放烟的作用及方法

杏树一般在 3 月中旬至 4 月开花，此时，易遇晚霜或大雾伤害，致使花朵受冻面临减产或绝收。用熏烟法可使

杏花免受伤害。

在开花前的一段时间内，要经常注意天气变化，特别注意当地天气预报。当霜冻、寒流或大雾到来之时，可适当用熏烟方法进行保花。每公顷杏园放 180 个左右的烟堆（注意不能燃起明火，以免伤树），燃放时间为晚上 11 时至第二天早上 7 时左右，即可达到防霜冻的目的。

一〇二、桃小食心虫的发生及防治

桃小食心虫是果树的主要蛀果害虫，主要危害苹果、桃、枣、山楂、梨、杏等的果实。幼虫一旦蛀入果内，其危害非常隐蔽，难以防治。因此，防治桃小食心虫必须抓住初孵幼虫蛀入果实前的关键时期进行，才能收到良好的防治效果。

1. 发生规律

桃小食心虫 1 年发生 2 代，以老熟幼虫在树干附近土中吐丝做茧越冬，第二年 6 月上中旬，遇有降雨或浇水后，土壤湿润，越冬幼虫集中出土在地面做夏茧化蛹，蛹期 10~12 d；6 月下旬至 7 月上旬为成虫羽化盛期，成虫羽化后即交配产卵，卵多产于萼洼处；7 月上中旬为第一代幼虫蛀果盛期，危害至 7 月下旬至 8 月上旬老熟脱果后落地做茧化蛹；8 月中下旬第一代成虫羽化产卵，8 月下旬至 9 月上旬第二代幼虫蛀入果实，危害至 9 月中旬至 10 月上旬，老熟后脱果入地做茧越冬。因此，防治桃小食心虫初孵幼虫的关键时期是 7 月上中旬（10 日前后）、9 月上旬。

2. 防治措施

在第一代幼虫（7 月上中旬）和第二代幼虫（9 月上

旬）孵化初盛时期，往树上喷布 2 000 倍液 1.8% 阿维菌素，重点喷布果实的萼洼处。

一〇三、李小食心虫的发生与防治技术

李是北方的主要果树，李小食心虫属鳞翅目、小卷叶蛾科，是危害李树果实的主要害虫之一。危害轻时，幼果提早落果；危害严重时，果实内充满虫粪，不仅使果实无法食用，而且造成大量果实脱落，严重影响果品质量和产量。

1. 李小食心虫的发生规律

李小食心虫 1 年发生 2 代，以老熟幼虫在树冠下土壤中 2~5 cm 处结茧越冬；5 月中下旬出土化蛹、幼虫出现，成虫 6 月上旬羽化；6 月中下旬为成虫羽化盛期，此期成虫在黄昏时交配产卵，卵产于果实上，多在近果柄处，极少数产在叶片上。卵 7~9 d 后，幼虫孵化，在果面爬行寻找适当蛀入果实地点后，即在其果面上吐丝结网，栖于网下开始啃咬果皮蛀入果肉，不久在入果孔处流出泪珠状果胶。幼虫在果肉中取食，果实逐渐变紫红色，缓慢脱落，果内幼虫期 20~30 d，幼虫老熟后脱果入土化蛹。第 1 代成虫于 7 月上中旬出现，盛期为 7 月中下旬；第 2 代卵期 3~4 d，至 8 月中下旬幼虫开始脱果入土越冬；第 2 代是局部世代发生，如果因第 1 代幼虫脱果晚，就会随即入土越冬，不再发生第 2 代幼虫危害。

2. 李小食心虫的防治技术

（1）生长期防治法。生长期，5~8 月，应人工及时摘除虫果。摘除虫果后一定要集中深埋进行处理，以灭杀虫

源，减少当年第二代幼虫发生危害或越冬基数。

（2）生物防治法。采用野生芫花植物浸泡液喷雾防治，即用野生芫花植物 5 kg 放入 10 kg 清水中浸泡 48～72 h，取出芫花植物，使用清液进行喷雾防治。在 5 月至 7 月中旬越冬代幼虫出现期，一周喷一次，连喷二次，杀灭幼虫，减轻危害。同时也可把幼虫杀死后放在透明玻璃瓶中，在阳光下晒 5～7 d 致使虫体发臭，后取出捣烂，用水浸泡 24 h，2 条幼虫配 1 kg 水喷施李树树冠。当成虫飞至叶片嗅到幼虫气味时，就不在叶片产卵，减少第二代的发生危害，从而达到以虫治虫的目的。

（3）化学防治法。

11～12 月，越冬休眠期进行清园，3 月中旬果树萌芽前喷一次 45% 晶体石硫合剂 30～50 倍液或 3～5 波美度石硫合剂，或 1∶1∶100 波尔多液。

5 月中旬，在距地面 30～50 cm 处刮去树干 5 cm 宽的一圈老皮，露出绿色皮部，用 10% 吡虫啉 100 倍液涂环，用纸包扎好后再用药液将纸涂湿，最后拿塑料布包好。

5 月中旬应抓住此期成虫分布空间小、虫口密度大且幼虫体内营养水平低、耐药性差的最佳防治期进行防治，每隔一周防治一次。即：20% 的速灭杀丁 6 000 倍液，35% 杀虫鳞乳油 1 000 倍液，20% 的菊马乳油 4 000 倍液，苯氧威 1 000 倍液；或 10% 吡虫啉可湿性粉剂 1 000 倍液喷施；高效氯氰菊酯 4.5% 乳油 2 500～3 000 倍液喷雾。

10 月下旬至翌年 2 月进行人工深翻树盘防治越冬虫茧。主要是深翻树盘下的土壤，翻深土壤深度为 20～30 cm。翻动土壤可破坏越冬虫茧的生活环境，致使其在冬季冻死，为此可减轻来年危害，确保第二年果树丰产丰收。

一〇四、刺蛾的发生及防治技术

刺蛾学名 *Cindocampa flavescens* （Walker），鳞翅目、刺蛾科，别名刺蛾、八角虫、八角罐、痒辣子、羊蜡罐、白刺毛等。

刺蛾是林果树主要食叶害虫，主要有青刺蛾、黄刺蛾、扁刺蛾等。刺蛾属于杂食性害虫，危害苹果、梨、桃、枣、柿、核桃、杨、麻栎等林果树种。刺蛾幼虫身上的毒毛刺入皮肤后，能分泌毒液，使人感到又痛又痒，所以俗称痒辣子。

1. 刺蛾的发生

刺蛾1年发生1~2代。在1年发生2代的地区，第1代幼虫于6月中旬孵化危害，7月上旬为危害盛期；第2代幼虫于7月底开始危害，8月上中旬进入盛期，8月下旬幼虫老熟，在树体上结茧越冬。成虫产卵于叶背，常数粒连成一片。幼龄幼虫喜群集，多在叶背啃食，稍大后，分散危害，常将叶片吃光，仅残留叶柄。

2. 刺蛾的防治

2~3月，在林木果树枝干、枝杈上发现越冬刺蛾虫茧时，可人工随时打破虫茧。幼虫发生期，喷布90%敌百虫1 500~2 000倍液，或50%敌敌畏800~1 000倍液、50%杀螟松1 000倍液、青虫菌800倍液，杀灭幼虫。

一〇五、金龟子的主要种类及发生危害

金龟子学名 *Eudicella aethiopica*，俗称木糊虫。金龟子

是一种分布广、食性杂、危害期集中的林木果树害虫。

1. 金龟子的主要种类

常见的有东方金龟子、苹毛金龟子、铜绿金龟子等，主要以成虫危害嫩芽、花朵和叶片。幼虫统称蛴螬，危害树根，是一种地下害虫。

2. 金龟子的发生危害

（1）东方金龟子。1 年发生 1 代，成虫在土中越冬。在果树发芽时出土，在黄河故道地区以 3 月底至 4 月初发生最多。在晴朗、气温较高的傍晚，成虫大量出土危害嫩芽，晚间 9 时以后，陆续落地潜入表土层。成虫有趋光性和假死性，振落后，当晚不再上树危害。白天潜入土中，晚间交尾，在土中产卵。

（2）苹毛金龟子。1 年发生 1 代，成虫在土中过冬。在苹果开花时出土，依次危害杏、桃、梨、苹果的花蕾及花，落花后不再危害。成虫白天活动，夜间静栖在花蕾上，成虫也有假死性。

（3）铜绿金龟子。1 年发生 1 代，老熟幼虫在土中过冬。次年 5 月间化蛹，6 月初成虫开始出土，6 月中旬至 7 月上旬大量出土，傍晚飞入果园，群集危害，喜食苹果叶。成虫有假死性和趋光性。

一〇六、金龟子的防治技术

一是金龟子有假死性，可以在下午的 7~9 时，利用成虫的假死性，进行人工振落捕捉杀死成虫；二是在林场、果园设置黑光灯诱杀成虫；三是在大的林区或果园进行林下养鸡啄食成虫，减少虫害的发生；四是若大量成虫出现时，用 15% 吡虫啉胶囊剂 2 000 ~ 3 000 倍液叶面喷雾，在幼树上喷布 6∶200 石灰水乳剂也有较好的驱避作用。

一○七、天牛的发生及防治技术

天牛学名 *Apripona germari*（Hope），鞘翅目、天牛科，是林果树主要蛀干害虫。

1. 天牛的发生

天牛蛀食树干，危害多种果树及林木，常见的有桑天牛、星天牛、苹果枝天牛等。天牛一般 1 年发生 1 代，个别 2 年或 3 年完成一代（如桑天牛）。幼虫在树干木质部蛀食、越冬，次年春季化蛹；成虫在 5 ~ 6 月或 6 ~ 7 月间出现，咬食嫩梢、嫩叶、嫩芽，并产卵、孵化；幼虫蛀入树干危害，造成孔洞，破坏输导组织，引起树势早衰。

2. 天牛的防治方法

一是人工捕捉成虫和灭卵，在 5 月下旬至 9 月上旬，当天牛成虫大量发生时，可人工捕捉成虫；在枝干上发现卵粒时，及时杀死卵粒，减少来年的发生。二是人工杀死幼虫，用铁丝插入树干上的虫孔钩出或捅死幼虫。三是药杀幼虫，在新蛀孔内，注射 80% 敌敌畏 100 ~ 200 倍液，或用浸蘸药液的棉球，堵塞虫孔。

一○八、蝉的危害及防治技术

蝉又叫蚱蝉，俗名知了，主要危害苹果、梨、桃、李、杏、杨等林木果树的枝梢。蝉在每年夏秋全国各地均有发生，湿润的河道旁、林间果园危害较重。

1. 蝉的危害

蝉危害树木的方式：一是把吸管状嘴插进树皮里吸食

汁液；二是秋季产卵时，把产卵管插进枝梢，造成许多小洞，使枝条枯死。蝉卵在枝条里当年不孵化，要经过一个冬天，到第二年夏天才孵出幼虫，然后掉在树下，钻进松土里，吸食根里的汁液。一般经 2 ~ 3 年，时间长的 5 ~ 6 年，才能再钻出地面，脱皮后上树危害。在美洲有一种美洲蝉，甚至可在土里生活长达 17 年后才出土脱皮羽化上树危害。

2. 蝉的防治技术

蝉的飞翔能力比较强，用药剂防治效果差，常用的防治方法如下：

一是剪除虫害枝梢，其卵易产在林果树的一年生枝梢上，结合冬剪，剪去产卵枝、烧毁，减少来年的危害基数。

二是人工捕捉幼虫，在夏天的傍晚或雨后，幼蝉出土时，人工捕捉。

三是灯光诱杀，蝉有趋光性，林间果园挂诱杀灯，每 3 ~ 5 亩挂诱杀灯 1 ~ 2 个，还可在夜晚利用堆火诱杀。

一〇九、桃蛀螟的防治方法

桃蛀螟又名石榴钻心虫，它的特殊危害方式是在石榴萼筒内产卵、脱皮、化蛹、羽化成虫。可在 6 月下旬至 7 月上旬，用蘸药棉球堵塞萼筒来防治。常用药剂有：90% 敌百虫 1 000 倍液或 2.5% 粉剂，50% 杀螟松 1 000 倍。

一一〇、杨树病虫害冬季防治的原因

杨树因适应性强、生长快等特点，深受广大林农喜爱。但大多林农只重视杨树病虫害生长期的防治，忽视了冬季的防治。进入冬季后天气渐凉，杨树也进入休眠期并且停止生长，此期危害杨树的病虫害也随温度的下降进入越冬期。杨树当年生枝梢已发育成熟，耐药性增强；而病虫害的栖息场所也基本固定，抗药性减弱，有利于人工集中防治。因此，林农应抓住冬季的有利时机，结合修枝抚育管理，及时进行病虫害除治，以减少来年的病虫害发生基数。

————、杨树病虫害是如何越冬的

1. 杨树主要害虫的越冬

一是光肩星天牛、桑天牛，以幼虫在被害枝干内越冬；二是白杨透翅蛾，以幼虫在被害枝干虫道内越冬；三是刺蛾类，以老熟幼虫在叶背面或枝干上做茧越冬；四是杨尺蠖，以蛹在树下土壤中越冬；五是杨扇舟蛾，以蛹在落叶、墙缝或表土内越冬；六是柳毒蛾，以小幼虫在树缝及落叶内越冬；七是美国白蛾，以蛹在树皮缝、土石块下、林冠下的杂草枯枝落叶层中或土壤表层内、建筑物缝隙等处越冬。

2. 主要病害的越冬

一是杨树溃疡病：以菌丝体和未成熟的子实体在病组织内越冬，即生长期发病部位；二是杨树腐烂病：以菌丝、分生孢子器或子囊壳在病组织中越冬，即夏季发病病斑周围；三是杨树黑斑病：以菌丝、分生孢子盘及分生孢子在落叶或 1 年生枝梢病斑内越冬。

——二、杨树病虫害的冬季防治技术

1. 整枝修枝

冬季修剪掉树冠第一层 1 ~ 2 个主侧枝，不能把侧枝去完，只留主枝，这样会影响来年树势健康生长；在枝干上越冬的刺蛾等虫卵、病菌可随修枝而剪掉，可人工消灭或运出林区被灭杀。

2. 清除枯枝落叶

11月下旬，杨树落叶后，及时将林间病虫枯枝、落叶及杂草等清扫深埋或集中烧毁，可灭杀在其中越冬的病菌、虫卵或越冬害虫，有利于降低病菌和害虫越冬数量，减少来年的危害。

3. 林间翻耕树盘

在土壤封冻前中耕林地，既可以松土保墒，存积雨雪，促进根系生长，同时将残余的枯枝落叶等翻入土中，又能将在土中越冬的害虫翻到地面，被天敌捕食或冻死，减少来年的危害基数。

4. 刮除翘皮

初冬或早春，将树干、大枝及枝干分权处的老翘皮、病皮、虫蛀皮等刮掉，刮时用薄板接住刮除物，然后集中烧毁或深埋，可有效消灭在粗皮中越冬的病虫。刮皮的深度以皮层微露黄绿色为宜，在伤口处涂抹 4～5 波美度的石硫合剂，以保护伤口。

5. 树干涂白

杨树落叶后，在树干和大枝基部用涂白剂涂白，可以消灭树干中越冬的病虫害，并可预防日灼、冻害及野兔啃啮。涂白剂可用水 25 份、生石灰 10 份、石硫合剂 1 份、食盐 1 份和少量动物油配制而成，还可在涂白剂中加入适量杀菌剂和杀虫剂，以增加防治效果。

6. 喷药防治

杨树落叶后的 12 月和发芽前的 3 月上旬连喷二次 3～5

波美度的石硫合剂，可消灭大量越冬病菌和虫卵，减少来年病虫危害数量，防治效果显著。

一一三、杨树溃疡病的发生与防治技术

1. 杨树溃疡病的发病规律

杨树溃疡病是危害杨树枝干的一种病害，是真菌侵染所致，引起枯枝、溃疡、流胶等，主要危害树干的中部和下部。初期树干皮孔附近出现水泡，水泡破裂后流出带臭味的褐液体。病部最后干缩下陷成溃疡斑，病斑处皮层变褐腐烂，当病斑横向扩展环绕树干一圈后，树即死亡。4月开始发病，5月下旬至6月形成第一个发病高峰；7～8月气温增高时病势减缓，9月出现第二个发病高峰，10月以后停止。树势衰弱时，发病严重。同一株病树，阳面病斑多于阴面。

2. 杨树溃疡病防治方法

加强苗木栽培管理，秋季（9月初）对来年要出圃的苗木，用70%甲基托布津200倍液普遍喷雾1次，以减少苗木带菌量。发病高峰前用70%甲基托布津100倍液涂干。

一一四、杨树黑斑病的发生与防治技术

杨树黑斑病又名杨树褐斑病，主要危害杨树叶片。一般发生在叶片嫩梢及果穗上，叶正面出现褐色斑点，以后病斑扩大连成大斑，多圆形，发病严重时，整个叶片变成黑色，病叶可提早脱落2个月。叶部病害，易引起早期落叶，树势衰弱。

1. 发病规律

一般4～5月初开始发病，7～8月发病较严重。发病轻

重与雨水多少有关，雨水多发病重，反之则轻。发病轻重与林木的密度也有关，树木（苗木）密度大时发病重，反之则轻。

2. 防治方法

一是清除枯枝落叶；二是育苗（造林）密度不可过大。发病初期每 15～20 d 喷药 1 次，可用 45% 代森锌、70% 甲基托布津 200 倍液，或 1∶1∶200 波尔多液喷雾。

一一五、桑天牛的发生与防治技术

桑天牛，鞘翅目、天牛科，别名虎天牛、虎斑天牛，是林木蛀干害虫。

1. 桑天牛的发生

桑天牛，又名老水牛，蛀干害虫 1 年 1 代，以幼虫于枝干内向下蛀食，隔一定距离向外蛀 1 通气排粪屑孔，排出大量粪屑，有红褐色液体流出。

2. 桑天牛的防治方法

一是在成虫发生期，组织人工及时捕捉。二是在幼虫活动期，寻找有新鲜排泄物的虫孔，由上而下插入磷化铝或磷化锌的毒签或毒丸，用黄泥封口。三是保护、招引和利用啄木鸟来生物防治。

一一六、杨尺蠖的发生与防治技术

杨尺蠖，又名造桥虫、弓腰虫，是危害林木叶片害虫。

1. 杨尺蠖的发生

杨尺蠖主要危害杨树叶片，呈群居危害，易爆发成灾。该虫 1 年发生 1 代，以蛹在树冠下的土层内越夏越冬。次年春，当地表解冻时，成虫开始羽化出土，雄蛾具有趋光性。4月初出现幼虫，初龄幼虫危害可吐丝下垂迁移，俗称吊死鬼，爬行时脊背拱起又称造桥虫。有吐丝下垂转移危害的习性，4月中旬至5月初为食叶盛期，5月初老熟幼虫陆续入土化蛹。

2. 杨尺蠖的防治方法

当成虫出土前，在树干基部涂阿维菌素加废机油（1∶20）药环，可有效阻杀上树雌成虫，且对路过的小幼虫及老熟幼虫均有良效。幼虫发生期，喷施25%灭幼脲Ⅲ号2 000倍液。于晴天上午，距树干1 m处挖宽、深各20 cm沟，用300～500倍有机磷杀虫剂浇沟。

一一七、杨白潜蛾的发生与防治技术

杨白潜蛾，又名潜叶虫，属鳞翅目、潜蛾科。是危害林木叶片害虫。

1. 杨白潜蛾的发生

该虫危害杨树叶片，1年3代，以蛹在被害叶片的茧中或皮缝中越冬。翌年5月中下旬羽化成虫，成虫有趋光性，羽化后喜停留在杨树叶片基部的腺点上，常2～3个虫斑相连而成大斑，虫斑内充满黑色粪便，因而呈黑褐色。严重时造成大量落叶。幼虫孵化后蛀入叶肉危害，因而呈黑色，几个虫斑相连形成一个棕黑色坏死大斑，致使整个叶片焦枯脱落，老熟后从叶片正面咬孔而出。

2. 杨白潜蛾的防治

虫斑发生初期（第一代幼虫孵化期末），喷布氧化乐果2 000倍液。或灭幼脲Ⅲ号1 500～2 500倍液进行防治。

一一八、杨黄卷叶螟的发生与防治技术

杨黄卷叶螟（*Botyodes diniasalis* Walker），又名黄翅缀叶野螟，幼虫尤喜危害嫩叶，幼虫吐丝粘缀嫩叶呈饺子形或在叶缘吐丝将叶折叠。

1. 发生规律

该害虫 1 年 4 代，以幼龄幼虫在落叶、地被物及树皮裂缝中结茧越冬。翌年 4 月初杨树发芽后，越冬幼虫开始出蛰危害。幼虫吐丝粘缀嫩叶呈饺子形或在叶缘吐丝将叶折叠，隐藏其中危害。5 月底 6 月初幼虫老熟，在卷叶中化蛹。6 月上中旬成虫开始羽化，之后世代重叠。10 月中下旬幼龄幼虫越冬。

2. 防治技术

在林木和果树上，于幼虫发生期喷布 1% 阿维菌素 3 000 倍液。或喷施扑虫王 1 200～1 500 倍液进行防治。

一一九、杨扇舟蛾的发生与防治技术

杨扇舟蛾（*Clostera anachoreta*），鳞翅目、舟蛾科。又名杨树天社蛾、小叶杨天社蛾、白杨灰天社蛾、白杨天社蛾，主要危害杨树、柳树等叶片。

1. 发生规律

该虫一般 1 年 4 代，以茧蛹在落叶、墙缝、树洞或表土内越冬。翌年 3 月中旬越冬代成虫开始羽化，交配产卵。第一代幼虫全身密披灰黄色长毛，身体灰赭褐色，背面带淡黄绿色，每节两侧各有 4 个赭色小毛瘤，第一、八腹节背中央有一大枣红色瘤，发生期为 4 月中旬至 6 月中旬；

第二代为6月上旬至7月上旬；第三代为7月中旬至8月下旬；第四代为8月下旬至9月下旬，世代重叠。最后1代幼虫危害至9月底陆续下树，寻找适宜场所结茧、化蛹越冬，个别幼虫至10月上旬化蛹。

2. 防治技术

一是3月第一代卵发生期，人工刮除枝干上的卵块或摘下有卵叶片。二是幼虫发生期，喷施25%灭幼脲Ⅲ号2 000倍液；林间每亩施放敌敌畏烟剂1~2 kg即可。

一二〇、杨小舟蛾的发生与防治技术

杨小舟蛾（*Microme lalopha troglodyta Graeser*），又名杨小褐天社蛾，属鳞翅目、舟蛾科，是杨、柳树的重要食叶害虫，在我国分布广泛，为害严重。

1. 发生规律

该害虫一般1年发生4代，以蛹越冬。第二年3~4月下旬越冬代成虫羽化产卵。4~5月上旬第一代幼虫开始孵化；第二代幼虫6月中旬至7月上旬，第二代老熟幼虫体长21~23 mm，体色为灰褐色或灰绿色，微带紫色光泽，体侧各具1条黄色纵带。第三代幼虫发生在7月下旬至8月上旬；第四代幼虫发生于9月上中旬。第三代幼虫危害至9月；第四代幼虫危害至10月底；第二代幼虫以后世代重叠，常常大发生，大面积吃光树叶，危害较大。10月中下旬最后1代老熟幼虫在树皮裂缝、墙缝或表土下吐丝结薄茧、化蛹越冬。

2. 防治技术

（1）林间释放敌敌畏烟剂防治方法：敌敌畏烟剂具有

熏蒸效果强、成本低、防治效果良好、使用方法简单等特点，非常适宜于树体高大、林木茂密的大面积片林，每亩使用 2 ~ 4 kg 即可。

（2）人工物理防治方法：由于杨树树体高大，加强对蛹和成虫的防治会取得事半功倍的效果。一是人工收集地下落叶集中烧毁或翻耕土壤，以减少蛹的基数。二是成虫羽化盛期应用杀虫灯（黑光灯）诱杀等措施，有利于降低下一代的虫口密度。三是根据大多数种类初龄幼虫群集虫苞的特点，组织人力摘除虫苞和卵块，可杀死大量幼虫。四是利用幼虫受惊后吐丝下垂的习性，通过振动树干捕杀下落的幼虫。

（3）仿生等药剂防治方法：灭幼脲为主的仿生农药喷雾防治。20% 灭幼脲 Ⅲ 号每亩 25 g，1.2% 烟参碱乳油 1 000 ~ 2 000 倍。仿生药剂使用要注意把握用药时间，虫龄越小越好。

一二一、黄褐天幕毛虫的危害与防治技术

黄褐天幕毛虫，又名天幕毛虫。主要危害杨、榆、栎类，落叶松、核桃、杏等林木树种。

1. 发生危害

该虫 1 年发生 1 代，以卵越冬，第二年 5 月上旬当树木发叶的时候便开始钻出卵壳，为害嫩叶，以后又转移到枝杈处吐丝张网。1 ~ 4 龄幼虫白天群集在网幕中，晚间出来取食叶片。幼虫近老熟时分散活动，此时幼虫食量大增，容易暴发成灾。5 月下旬至 6 月上旬是危害盛期。其危害状为：以幼龄幼虫群集在卵块附近的小枝上取食嫩叶，吐丝

结网，网呈天幕状。严重时致使树木枝梢干枯死亡，影响林木果树的正常生长。

2. 防治方法

（1）在9月下旬至12月可人工剪除卵环。

（2）根据天幕毛虫1~3龄幼虫群居的习性，在5~6月用1.2%苦烟乳油稀释800~1 000倍进行叶面喷雾防治，或用Bt可湿性粉剂300~500倍、灭幼脲Ⅲ号2 000倍和阿维菌素6 000~8 000倍等对树冠全喷布1~2次即可。

（3）根据黄褐天幕毛虫成虫具有趋光的特点，在7月上旬至7月中旬期间可以利用黑光灯、频振灯进行诱杀黄褐天幕毛虫成虫。控制虫口密度，降低种群数量，减轻危害程度。这些防治方法效果良好。

一二二、美国白蛾的发生危害与防治技术

美国白蛾，又称美国白灯蛾，秋幕毛虫、秋毛虫等。主要危害果树、行道树、农作物等多种植物，是一种食性杂、繁殖量大、适应性强、传播途径广、危害严重的世界性检疫害虫。

1. 发生危害

该害虫1年发生2代，以幼虫群居取食，吐丝结网、形成网幕，在网幕内取食叶肉，严重危害时树木食成光杆，连续受害的树木可导致被害树干枯死亡。

2. 防治方法

（1）在幼虫期人工剪除网幕。

（2）在4龄前幼虫期可用Bt（1亿孢子/mL）药物喷施；或用1.2%烟参碱乳油1 000~2 000倍液、25%灭幼脲

Ⅲ号胶悬剂5 000倍液、卡死克3乳油8 000~1 000倍液喷雾灭杀幼虫。

（3）在老熟幼虫期，按1头白蛾幼虫释施3~5头周氏啮小蜂的放虫量，选择无风或微风天气于上午10时至下午5时之间放蜂进行生物防治。放蜂时，将茧悬挂在离地面2m处的枝干上即可。

一二三、槐尺蛾的发生与防治技术

槐尺蛾，又称槐尺蠖、槐尺蛾，俗称吊死鬼，鳞翅目、尺蛾科昆虫。主要危害国槐、龙爪槐树，有时也危害刺槐。

1. 发生危害

一般1年3~4代，以蛹越冬。4中旬至5月间成虫陆续羽化。第一代幼虫始见于5月上旬。各代幼虫危害盛期分别为5月下旬，7月中旬及8月下旬至9月上旬；化蛹盛期分别为5月下旬至6月上旬，7月中、下旬及8月下旬至9月上旬。10月上旬仍有少量幼虫入土化蛹越冬。以幼虫啃食嫩芽、嫩叶，叶片被剥食成圆形网状。危害轻时、受害叶片呈缺刻状、残缺不全；严重时受害叶片全无，仅残留少量中脉，同时可使植株死亡。槐尺蛾是我国庭园绿化、行道树种主要食叶害虫。

2. 防治方法

（1）人工挖蛹或扫集地面各代准备入土化蛹的幼虫，并集中深埋或喷洒20%灭幼脲Ⅰ号胶悬剂杀灭幼虫。

（2）成虫期在树干基部绑5~10 cm宽塑料薄膜带，阻止雌蛾上树，并及时将其杀死；成虫具有趋光性，可用杀虫灯诱杀雄蛾，减少繁殖量。

（3）用20%灭幼脲Ⅲ号胶悬剂，每亩用量8～10 g（有效成分）防治幼龄幼虫减少危害。

一二四、杨二尾舟蛾的发生与防治技术

杨二尾舟蛾，又称杨又尾天社蛾、杨双尾舟蛾、舟蛾科。该虫1年2代。主要危害杨、柳树种。

1. 发生危害

以幼虫吐丝结茧化蛹越冬。第1代成虫5月中下旬出现。幼虫6月上旬危害，第2代成虫7月上、中旬，幼虫7月下旬至8月初发生。每雌成虫产卵在130～400粒。卵散产于叶面上，每叶1～3粒不等。初产时暗绿色，渐变为赤褐色。初孵幼虫体黑色，老熟后成紫褐色或绿褐色，体较透明。幼虫活泼，受惊时尾突翻出红色管状物，并左右摆动。老熟幼虫爬至树干基部，咬破树皮和木质部吐丝结成坚实硬茧，紧贴树干，其颜色与树皮相近。成虫有趋光性。危害状为，初孵幼虫取食卵附近的叶片，3～4龄以后幼虫分散取食，幼虫集中危害时叶片食光，是杨柳树的主要食叶害虫之一。

2. 防治方法

（1）6月中下旬，在幼虫3龄前可人工摘除虫苞。

（2）在10月至第二年2月的越冬期，人工破坏蛹的越冬场所或直接杀死活蛹。

（3）在低龄幼虫期，用1亿～2亿孢子/mL的青虫菌、灭幼脲Ⅲ号1 200～1 500倍液、除虫脲6 000～8 000倍液、5%卡死克乳油1 500～2 000倍液、3%苯氧威乳油6 000倍液、1.8%阿维菌素6 000～7 000倍液或者40%乐斯本

1 000 ~ 1 500 倍液喷洒叶面灭杀幼虫，减少危害。

一二五、杨毒蛾的发生危害与防治技术

杨毒蛾，又称杨雪毒蛾，鳞翅目，毒蛾科。主要危害杨、柳等树种。

1. 发生危害

1 年发生 1 代，部分地区 1 年发生 2 代，以 1 ~ 2 龄幼虫在枯枝落叶下、树皮裂缝内越冬。第二年 5 月上旬，杨、柳展叶时上树危害。杨毒蛾以幼虫在夜间活动，当早春夜间寒冷时，白天也外出取食。幼虫危害时常常吐丝拉网隐蔽。幼虫 5 龄，6 月上旬开始老熟。杨毒蛾幼虫在树洞或土内化蛹，6 月中旬开始羽化。卵产在树叶或枝干上，成块。初孵幼虫发育慢，并能吐丝悬垂被风吹动。8 月下旬至 9 月上旬，幼虫开始下树，寻找隐蔽处越冬。成虫有趋光性。以幼虫危害嫩梢和叶片，幼虫在嫩梢叶片处取食叶肉；严重时，留下叶脉，短期内能将整个林木叶片吃光，形如火烧状，影响树木生长甚至导致死亡。杨毒蛾是杨、柳树的主要食叶害虫之一。

2. 防治方法

（1）在幼虫下树越冬之前（9 月初），用麦草在树干基部捆扎 15 ~ 30 cm 宽的草把，第 2 年 3 月解下草把，检查草把上的幼虫，并把草把和越冬幼虫烧毁，减少繁殖数量。

（2）在低龄幼虫期，用 2 亿孢子/mL 的青虫菌液喷雾，或喷施 Bt 可湿性粉剂 300 ~ 500 倍液、灭幼脲Ⅲ号 1 500 ~ 2 000倍液或阿维菌素 6 000 ~ 8 000 倍液防治幼虫。

一二六、栗实象的发生危害与防治技术

栗实象，属鳞翅目，象虫科。又称栗实象甲。主要危害板栗和茅栗及一些栎类果树林木树种。

1. 发生危害

1年发生1代，在长江以北地区2年3代，均以成熟幼虫在土中作土室越冬。以幼虫在土内7～10 cm深处作室越冬。6～7月在土内化蛹，7～8月羽化出土后，先取食花蜜，后食板栗、锥栗种子。8～9月下旬为产卵盛期，产卵期10～15 d，产卵多在果肩和坐果部位。成虫白天在板栗树上取食交尾、产卵，夜晚停在叶片重叠处，有假死性，趋光性不强。危害状为，初羽化成虫先取食花蜜，以板栗的子叶和嫩树皮为食；初孵幼虫仅在子叶表层取食，老熟幼虫危害栗实，栗实被害率可达80%～90%；成虫咬食嫩叶、新芽和幼果；幼虫蛀食果实内子叶，蛀道内充满虫粪。栗实象是危害板栗影响安全贮藏和商品价值的一种重要害虫。

2. 防治方法

（1）捕杀成虫，利用成虫假死性，于清晨露水未干时轻击树枝，进行人工捕杀。

（2）9月下旬，板栗果实成熟采收后，及时用50～55℃热水浸泡板栗果实15～20 min，可杀死各龄幼虫。

（3）在成虫期，用齐螨素或吡虫啉5倍或10倍液对树干打孔注射防治灭杀成虫。

一二七、臭椿沟眶象的发生危害与防治技术

臭椿沟眶象，鞘翅目，象甲科，又称椿小象甲，林农

俗称气死猴。主要危害臭椿、千头椿等树种。

1. 发生危害

1年发生2代，以幼虫或成虫在树干内或土内越冬。第二年4月下旬5月上中旬越冬幼虫化蛹，6~7月成虫羽化，7月为羽化盛期。幼虫危害在4月中下旬开始，4月中旬至5月中旬为越冬代幼虫第二年出蛰后为害期。7月下旬至8月中下旬为当年孵化的幼虫为害盛期。虫态重叠，很不整齐，至10月都有成虫发生。成虫有假死性，羽化出孔后需补充营养取食嫩梢、叶片、叶柄等，成虫为害1个月左右开始产卵，卵期7~10 d，幼虫孵化期上半年始于5月上中旬，下半年始于8月下旬至9月上旬。幼虫孵化后先在树表皮下的韧皮部取食皮层，钻蛀为害，稍大后即钻入木质部继续钻蛀危害。蛀孔圆形，熟后在木质部坑道内化蛹，蛹期10~15 d。受害树常有流胶现象。幼虫坑道内随着虫龄增大逐渐深入木质部危害，可造成树势衰弱逐渐死亡。

2. 防治方法

（1）严格检疫，购置苗木时，严禁购置带虫苗木和原木调运或造林。

（2）在成虫发生盛期，利用成虫的假死性进行人工捕捉成虫。

（3）在低龄幼虫发生期，用10%吡虫啉5~10倍液打孔注药防治。

（4）在成虫盛发期，喷绿色威雷2号300倍液或功夫菊酯2 000~2 500倍液防治。

（5）对危害树苗基部和根部的幼虫，在4月上旬浇地时每亩顺水浇入50%的辛硫磷3.5~4 kg，杀死地下幼虫。

第五章　林果产品的贮藏加工技术

林果产品贮藏保鲜与加工，可最大限度地保持产品原有的新鲜度和品质。新鲜果品营养丰富，但组织柔软、含水较多，易因各种微生物寄生和物理化学因素的影响而败坏变质。加工的目的是保存果品的风味和营养价值，增强耐贮性，便于运输，对充分利用果品资源和调节市场有着重要意义。本章介绍了9种林果产品的贮藏加工技术，供人们参考。

一二八、银杏叶子的采收及贮藏技术

银杏树，又名白果树，其果实和叶都有很高的药用价值。银杏树在全国发展较快，果、叶市场上货紧价扬。为了保证采叶不影响果树生长，应采取科学采收与贮藏技术。

1. 叶子的采收

为了保证采收后叶子的质量，采收后的叶子应及时整理。生长期采收的叶子，应在采收后迅速进行清洗，做到随采随清洗；当天采当天清洗；同时还要去除杂草、枝梗及霉烂叶片等杂物，防止叶子霉烂变质，然后把清洗干净的叶子放在通风光照充足的场地晒干打包。9月份以后采收的叶子应及时除去杂物晾晒干燥，最后将青黄色（生长期叶子为青色和秋季叶子为黄色）叶片分别包装待运、销售或贮放。

2. 叶子的贮藏

银杏叶子采收晒干后，准备待运或待销的叶子，应及时进行分别打包，50～100 kg 一包，放入库房。在库房内先用干燥的木杆或方木搭建成 80～100 cm 高的棚架，然后把打包好的叶包放在棚架上，以便通风透气，起到防潮、防霉烂的作用，保证贮藏叶子的质量新鲜安全及叶子的药效，以便销售。

一二九、板栗果实贮藏的"四怕"

板栗种子有四怕：①怕干，干燥后很容易失去发芽力。②怕湿，过湿温度又高，容易霉烂。③怕冻，受冻种仁则易变质。④怕破裂，种壳开裂极易伤及果肉，引起变质。因此，拾取栗种后，应立即入地窖或背阴处沙埋。其温度不高于 10 ℃以上，空气相对湿度保持在 50%～70%。大雪后入沟沙藏。一般栗苞出种率为 27%，每千克种子 200 粒左右，每亩用种量 100～120 kg。

一三〇、山楂果实的贮藏保鲜技术

山楂果实鲜红艳丽，风味独特，既可生食，又能药用，所以其果实贮藏保鲜很重要，其技术如下。

1. 沙藏方法

选择干燥、背阴、凉爽的地点，挖直径 80 cm、深 100 cm 的坑，坑底铺 20 cm 厚的湿润河沙，放入果实约 50 cm 厚，要轻摆轻放，切忌踩烂碰伤，尽量避免果实受伤，然后再铺盖 10～20 cm 厚的细河沙。11～12 月随气温下降，逐渐增加盖沙厚度，最后盖土要高出地面 10～15 cm。同时，注意冬季打扫积雪，防止积水，保鲜期可从当年 10 月到翌年 4 月。

2. 袋藏方法

把果实放入厚度 0.7～1 mm 的塑料薄膜袋内。每袋装 10～15 kg，在袋内上面放几层草纸，以便吸收袋内过多的水分。然后扎紧袋口，置于室内高 30 cm 的阴凉棚架上，利于通风透气，每隔 30 d 检查一次。用这种方法，贮藏到第二年 3 月仍可保持果实新鲜口味。

3. 冷藏方法

将预冷后的山楂装入塑料袋，每袋 10～15 kg，扎紧扎实袋口，放入冷库贮藏，库内温度控制在 0～2 ℃，湿度 94%～96%。此法贮藏鲜果至第二年 3～4 月依然鲜亮。

一三一、葡萄酒的作用和自制技术

葡萄是人们喜爱的水果，葡萄酒也是人们特别喜爱的酒类饮品之一。下面主要介绍葡萄酒的作用和家庭制作葡萄酒的技术。

1. 葡萄酒的作用

（1）葡萄酒的营养作用。葡萄酒是具有多种营养成分的高级饮料，适度饮用葡萄酒能直接对人体的神经系统产生作用，提高肌肉的张度。除此之外，葡萄酒中含有的多种氨基酸、矿物质和维生素等，能直接被人体吸收，因此葡萄酒能对维持和调节人体的生理机能起到良好的作用。尤其对身体虚弱、患有睡眠障碍者或老年人的效果更好，可以说葡萄酒是一个良好的滋补品。

（2）葡萄酒助消化作用。饮用葡萄酒后，如果胃中有

60～100 mL 的葡萄酒，可以使胃液的形成量提高到 120 mL，从而帮助人体消化。

（3）葡萄酒的其他作用。一是延缓衰老。人体跟金属一样，在大自然中会逐渐被"氧化"。葡萄酒中含有较多的抗氧化剂，如酚化物、鞣酸、黄酮类物质、维生素 C、维生素 E，微量元素硒、锌、锰等，能消除或对抗氧化自由基，所以具有抗老防病的作用。二是预防心脑血管病。葡萄酒能使血液中的高密度脂蛋白升高，而脂蛋白的作用是将胆固醇从肝外组织转运到肝脏进行代谢，所以能有效地降低血胆固醇，防治动脉粥样硬化，保护血管。三是预防癌症。葡萄皮中含有的白藜芦醇，抗癌性能在数百种人类常食的植物中最好，可以防止正常细胞癌变，并能抑制癌细胞的扩散。在各种葡萄酒中，红葡萄酒中白藜芦醇的含量最高，因为白藜芦醇可使癌细胞丧失活动能力，所以红葡萄酒是预防癌症的佳品。四是美容养颜作用。自古以来，红葡萄酒作为美容养颜的佳品，备受人们喜爱。葡萄酒能防衰抗老，使皮肤少生皱纹，有抗皱、洁肤的作用。

每天少量喝点葡萄酒的好处很多。但是，一切事物都应该有个"度"，红葡萄酒中的白藜芦醇可以保护脑细胞，但过多吸收酒中含有的酒精，也对脑细胞有所损伤，因此喝红葡萄酒也不能过量，更不能酗酒，以每天饮用一两小杯为好。

2. 葡萄酒的自制技术

家庭自制葡萄酒味道纯正、干净卫生，不加任何添加剂和防腐剂，没有毒性，喝起来放心，物美价廉。其制作葡萄酒的技术是：

（1）选购葡萄。在葡萄成熟期采购，一定要在葡萄大量上市的时候，采购自然成熟的葡萄，不要买反季节的大棚里栽种的葡萄。同时要尝尝口味，酸甜适中的紫红色的是成熟了的葡萄（尝尝味道，很甜的一般是成熟了的）；看看果蒂，如果是青色的，而且味道酸度大，就可能不熟或是打了"催红素药物"的，若采购做酒，酒色清淡、味差质次。在采购时，如果不是大量制作葡萄酒时，采购葡萄有技巧。可每天上午 11～12 时、下午 5～6 时到卖葡萄的市场或店铺购买散的葡萄珠，通常很便宜，一般是正常价格的一半左右，这样采购的葡萄成本低，作成的酒实惠。

（2）整理葡萄。把采购的葡萄及时从贴近果蒂的地方一粒一粒剪下来，注意不要伤到果皮，放入干净无使用过油品的大盆内，浸满水，每 10 kg 加入食盐 50～100 g 浸泡 10 min 左右，这是为了去掉葡萄皮上的农药和其他有害物质。注意葡萄伤了皮的不要用来酿制葡萄酒，因为葡萄浸泡时盐水浸到果肉里面去了，影响葡萄酒的质量。然后用清水冲洗 2～3 遍，再把水沥干（最好放在通风处或电扇下吹干）。

（3）装瓶制作。把沥干水分的葡萄倒在洗干净的瓶里，用手把它们一个个捏碎，葡萄皮、葡萄籽和果肉要全都留在瓶里（选购广口瓶，选购时要看瓶子的色泽一致、厚度均匀，同时先倒入 1～2 kg 水，盖好瓶盖把瓶口倒下看是否漏水，不漏水说明瓶口不漏气，否则就说明瓶口不圆，漏气，作酒就会腐败）。按照 5 kg 葡萄 0.5 kg 白糖的比例搅拌均匀，装瓶子不要装得太满，瓶内要留出 1/3 的空间，因为葡萄在发酵的过程中会膨胀，产生大量的气体，如果装的太满，葡萄酒会溢出来。另外，为了不让外面的空气进去，在瓶盖内最好加盖一层塑料薄膜，促进发酵成酒。最后还要注意放糖的比例，糖是为了增加葡萄酒的酒精含量，而不是增加甜度。放糖量要看葡萄的甜度，成熟过度和甜度大的葡萄，放糖量要适量减少，否则增加。过度放糖，适得其反，也容易引起制作过程中葡萄酒变质、变坏。最好在发酵 12~15 d 左右再加糖，常用加糖比例为 1 kg 白糖 5 kg 葡萄。

（4）制作后的管理。装好葡萄的瓶子应放在阳台上，但不能让太阳光直接照射到瓶子上。为了更好地发酵及安全，3~5 d 后将完全密封的瓶子适当放气，这样让葡萄汁与空气接触，一方面防止玻璃瓶子爆裂破损，另一方面有利于完全发酵，并排出产生的二氧化碳，便于酵母菌繁殖。再过 15~20 d 葡萄酒就酿好了。如果发酵期的气温低（温度低于 30 ℃），可以多酿 5~8 d。要注意的是葡萄酒酿的时间越长酒味越浓，葡萄酒酿好以后，放的时间越长，酒味越浓。

（5）开瓶去渣。葡萄酒酿好以后，要把葡萄籽、葡萄皮还有发酵后的果肉都滤掉，这就叫去渣。去渣的工具有漏瓢和纱布。把购回的漏瓢和纱布及盛酒广口瓶用开水严格消毒后，先用纱布绑在广口瓶上把葡萄籽、葡萄皮用漏瓢一一倒入纱布上过滤，而后把酒全部过滤倒入广口瓶密封。此时可以对滤好的葡萄酒，先品尝一下，如果感觉酒味清淡，说明度数不够，可以再次适量添入 1~2 kg 白糖，进行二次发酵。10~20 d 完全发酵后即可饮用。

一三二、杏干的食用作用及其加工技术

采用杏果实加工成杏干，杏干味甜、质软酸甜适口，老少皆宜，是一种传统的干果食品，也是招待客人、旅游，馈赠亲朋好友之理想佳品。

1. 杏干的食用作用

（1）活血补气。杏干味甜、质软，杏仁香脆可口，性热，具有活血补气，增加热量的作用。同时，杏干含蛋白质、钙、磷、铁、维生素 C 等成分，给人们提供大量的营养物质。

（2）和胃、健胃。杏干含有丰富的纤维素，对改善肠道运动缓慢十分有效。

（3）降低血压。杏干富含的钾元素可以有效调节人体血压。

（4）护眼明目。杏干含有丰富的维生素 A，有防止夜盲症和视力减退的作用。

2. 杏干的加工技术

（1）选择果实。5～6 月，选择充分成熟、果实果个大、肉厚、离核且水分较少品质好的杏果备用。

（2）果实清洗。采收后的果实，选择无病虫害、无伤害的果实堆放晒场内，堆放的厚度 10～15 cm。放置 2～3 d 后，用清水冲洗。第一次冲洗时，每 40～50 kg 在清水中加入食盐 0.2～0.3 kg，浸泡 8～10 min，用手慢慢搅拌果实，然后再捞出果实。食盐的作用是杀菌并清洗掉果实上的药物残留，连续清洗 2～3 次，沥干备用。

（3）果实整理。清洗后的果实，人工捏开成为两半，

放在果盘上或凉席上，以每 50 kg 用 0.15 kg 硫黄的比例进行熏制，熏 2.5 ~ 3 h 后果即透明（此时杏碗处出现绿豆水珠），随即取出晾晒。晾晒时，摊放在晒棚或凉席上，在晾晒的第 1 ~ 2 d，果肉水分大，此时要不断去翻动果实；5 ~ 7 d 后，杏果已达半干或 8 成干时，杏干就开始柔软均匀，果干色泽增红，再次晾晒时间 18 ~ 22 d，即可成为杏干。成品杏干的含水量以 20% ~ 24% 为宜，如果用手抓一把杏干握紧成一团，随即松手杏干可以自动散开还原即可以包装储备或销售。

一三三、柿饼的食用作用及其加工技术

柿，是落叶乔木果树的果实，品种繁多。把柿果去皮、晾晒、加工成饼，称作柿饼。柿饼甜腻可口，营养丰富，是人们比较喜欢食用的干果。

1. 柿饼的食用作用

柿饼色灰白，断面呈金黄半透明胶质状，柔软、肉质干爽，甜腻可口、耐贮放。柿饼中含有甘露糖醇、蔗糖、葡萄糖和木密醇。食用柿饼的主要作用：一是柿饼能有效补充人体养分及细胞内液，起到润肺生津的作用；二是柿饼含有大量的维生素和碘，能治疗缺碘引起的地方性甲状腺肿大等；三是柿饼中的有机酸等有助于胃肠消化，增进食欲，同时有涩肠止泻的作用；四是柿饼有助于降低血压，软化血管，增加冠状动脉流量，并且能活血消炎，改善心血管功能。

但是也要注意，糖尿病人、脾虚泄泻、便糖、体弱多病、产后、外感风寒者忌食；患有慢性胃炎、排空延缓、

消化不良等胃动力功能低下者、胃大部切除术后不宜食柿子。同时，柿饼不宜空腹吃，因此不宜做早餐。空腹时胃酸浓度较高，此时食用柿饼，容易罹患胃柿石症，特别提示：忌与螃蟹同食。脾胃虚寒、痰湿内盛者不宜食用。

2. **柿饼的加工技术**

（1）果实采收。9月下旬至10月上旬，当柿果充分发黄成熟，肉质坚硬而未软时采收，并将采收后的果柄剪短，留成T字形果柄。

（2）果实去皮。采用柿子电动旋皮机去皮，也可人工手工用刀具去皮。

（3）分级选果。把果实削去外皮、切除萼片，保留萼盘和果梗，果梗是为了方便缚果梗晾晒。同时，把大小不同的果实分别放置存放，以便分级加工和销售。

（4）上霜晾晒。搭设晒架，悬挂果串。可用木杆或铁杆搭成1~1.2 m高的棚架，在棚架上搭上麻绳（麻绳的粗度直径约3 mm，两股合一即可），挂柿子时两人在一根绳的两头同时操作，用手捻松麻绳，将"T"字把插进两股合缝之间，由下向上挂柿，直到接近横杆为止，挂好一串再开始挂第二串。一串一般可挂20~30个果实，也可不用绳缚晒，在棚架散晒也能上霜。

（5）捏饼回软。晾晒几天以后，待柿子表面形成一层干皮时，可进行第一次捏饼。这次捏饼，饼不成形，只是将干皮内果肉组织捏乱，成稀糊状。方法是两手握柿，纵横捏之，随捏随转，直至内部变软，柿核歪斜为止。第一次捏饼后再晒5~6 d，即将柿子整串取下，堆起，用麻袋覆盖回软2~3 d，进行第二次捏饼。方法是用中指顶住柿萼，两拇指从中向外捏，边捏边转，捏成中间薄四周高起的碟形，然后再晒3～5 d，收成堆放1 d，再整形1次，再晒3～5 d。晒时每天翻动1～2次，晚间要用草席盖好，防止露水浸染，白天除去草席，这样反复2～3次晾晒，即可上霜。

（6）上霜目的。柿霜是由果肉内可溶性物渗出的白色结晶，作用是保护果实，防止果实腐败。柿饼出霜的好坏与柿饼内的含水量关系很大，天气不好，晾晒时间不够，饼内含水量太高，不易上霜。在最后一次整形时，柿饼外硬内软，回软后没有发汗和过软现象，一般都能出霜。此外，出霜与上霜环境的温度也有关系，温度越低，上霜越好，因低温使固形物的溶解度下降，更容易成结晶析出上霜。到12月，把上霜后的柿饼按照果个大小分级存放或待销。

一三四、橘饼的加工技术

橘饼，色泽橙红、不含任何色素、口感细腻。橘饼是一种颇具特色的食品，是用带橘皮的红橘加工而成的天然食品，没有橘皮中的苦味，具有润肺止咳的功效，深受中老年人的欢迎。

（1）原料选择：选用新鲜无生霉腐烂的橘果。同时，应选个形较小、汁液少、新鲜成熟的果实。

（2）人工刨皮：鲜橘剥去油胞层，刨皮是否根据橘子的品种而定，皮薄的品种常常不刨皮。采用手工刨皮器刨去黄皮层，刨的黄皮层可作提取香精油和陈皮等的原料。

（3）划缝压榨：先划缝压扁，即橘果选用划缝器划缝，再加压力将果实压扁，并挤出种子。压出的果汁可供生产时使用。

（4）杀菌腌制：将压扁的果实浸入浓度为 0.2% ~ 3% 的石灰水中，腌制 5.5 ~ 6.5 h。

（5）开水预煮：取出经腌制的果实，放入铝锅内预煮 6 ~ 10 min，并在热水中用人工去残留种子。

（6）清水漂洗：清水漂洗 24 ~ 26 h。

（7）砂糖热煮：按 100 kg 橘坯用 75 kg 配料砂糖。先取砂糖 15 kg，放入锅内加水溶解（水量以淹没橘坯为度），倒入橘坯，使其吸收糖液。糖水渗入后，再加剩余的砂糖，加热继续煮制，不断搅拌，煮至全部橘果透明，沸点温度达到 108 ~ 110 ℃时，即可离火，沥去糖液。

（8）冷却凝固：经糖制饼逐渐冷却，使附在橘饼上的糖液凝成固体。

（9）阴凉晾干：经糖制后的橘饼还含少许水分，需放在晾盘上晾干沥净水分。

（10）撒干燥糖：为减少蜜饯保藏期间吸湿和粘结，需在橘饼表面撒上干燥糖分。

（11）分级挑选：根据橘饼质量和大小进行分级，果个在 3 cm 以上的放一处；2.8 cm 以下的放一处等待包装。

（12）及时包装：先把分级好橘饼分别装入干净塑料薄膜食品袋，再用纸箱包装即可。

一三五、柿醋的加工技术

利用柿果加工成的柿醋，是人们喜爱的绿色食品。

10 月上旬是柿子的成熟期，受损伤和破烂的柿果可以利用作柿醋，即选择大口瓷缸，洗净装缸，盛满后用盖密封，

10～12月把缸放在屋内，免受冻，第二年3月中下旬移至屋外，日下晒一个月左右，4月下旬在缸内掺入麦壳、麦秸2～3 kg搅拌均匀，倒入凉开水，停一昼夜后，过滤2～3次，即成柿醋。

一三六、柿子的脱涩技术

柿子是人们比较喜欢食用的果品，甜腻可口，营养丰富，不少人还喜欢在冬季吃冻柿子，别有味道。柿子营养价值很高，所含维生素和糖分比一般水果高1～2倍。假如一个人一天吃1个柿子，所摄取的维生素C基本上就能满足一天需要量的一半。所以，吃些柿子对人体健康是很有益的。中医认为其甘寒微涩，归肺脾胃大肠经。具有润肺化痰、清热生津、涩肠止痢、健脾益胃，生津润肠、凉血止血等多种功效。柿子还含有丰富的胡萝卜素、核黄素、维生素等微量元素。成熟季节在10月左右，果实扁圆，品种颜色从浅橘黄色到深橘红色不等，重量100～350 g。原产地在中国，已有一千多年的栽培历史。柿子的脱涩技术如下。

1. 硬柿的脱涩

9～10月上旬各类柿子先后成熟是制作硬柿或软柿的最佳时期，其主要技术是：

（1）温水脱涩：将柿子装缸、坛或铝锅，倒入40 ℃温水，淹没柿果，密封容器，外面用麦糠、麦草包裹或隔一定时间加入热水，以保持水温，使柿子在温水中浸泡10～24 h，待容器中水起白沫时即可食用。

（2）冷水脱涩：将柿果浸入冷水，经5～7 d也可脱涩食用。如果水变味则可换入清水。也可在冷水中加入1.5～3.5 kg芝麻秆或柿叶，然后倒入柿果，以水淹没，经5～7 d也可脱涩。一般气温室温较高脱涩快，反之则慢。

（3）石灰水脱涩：每 50 kg 柿果，用生石灰 0.75 ~ 12.5 kg，先用少量水将石灰溶化，再加水稀释，水量淹没柿果，3 ~ 4 d 后脱涩。此法对于刚着色，不太成熟的果实效果特别好，只是脱涩后外表不太美观，处理不当会引起落果。

2. 软（烘）柿的脱涩法

（1）鲜果脱涩：每 50 kg 柿果与 1.5 ~ 2.5 kg 鸭梨或苹果、木瓜、槟子、沙果、山楂等成熟鲜果，分层混放，装满容器，然后封口，3 ~ 5 d 即可。

（2）刺伤脱涩：在柿蒂附近插入一小段干芝麻秆或竹篾，几天后即变软不涩，用此法时要注意会引起发酵或霉烂。

（3）植物叶脱涩：每 50 kg 柿果用柏树、榕树等植物叶片 2 ~ 3 kg，与成熟柿子混放于容器内，4 ~ 7 d 即可脱涩。

编后语

2001 年以来，随着国家退耕还林、荒山造林等工程的实施，党和政府制定了很多优惠政策，极大调动了广大林农果农发展林果业的积极性。然而，林农果农在生产中还遇到了这样那样的问题，针对林农果农在生产中遇到的问题，我们组织在基层工作的专业技术人员结合生产实际，用通俗易懂的语句给予解答，在此基础上，经过整理加工编写了本书。编写人员主要有：河南省舞钢市林业局万少侠；河南省平顶山市林业局温拥军；河南省平顶山市林业局森林病虫害防治检疫站张立峰；河南省鲁山县林业局路明；河南省平顶山市白龟山湿地自然保护区管理中心刘小平；河南省平顶山市白龟山湿地自然保护区管理中心李建成；河南省舞钢市林业局王璞玉；河南省遂平县林业局林业工作站谷红梅；河南省汝州市林业局冯自民；河南省舞钢市尹集镇人民政府孙丰军；河南省舞钢市国有石漫滩林场雷超群；河南省舞钢市国有石漫滩林场杨黎慧；河南省舞钢市国有石漫滩林场夏伟琦；河南省舞钢市国有石漫滩林场刘自芬；河南省舞钢市林业局冯伟东；河南省舞钢市林业局李慧丽；河南省舞钢市林业局王彩云；河南省舞钢市林业局任素平；河南省舞钢市农业局南飞华；河南省舞钢市农业局李秀云；河南省舞钢市农业局王中伟；河南省舞钢市农业局张晓莉；河南省舞钢市铁山乡人民政府韩恩三；河南省舞钢市武功乡人民政府农技站王冠甫；河南省舞钢市科协技术协会葛岩红；河南省舞钢市职业中等专业学校高东娜；河南省舞钢市金土地林果示范中心王书奇；河南省叶县林业局张喜亭；河南省舞钢市住房建设局王学文等。